环境污染治理及典型案例分析

刘璐 著

化学工业出版社

·北京·

内容简介

本书主要介绍环境污染治理及典型案例分析，包括环境污染的相关基础知识、城市大气污染产生的原因和成分分析、植物对大气污染的防治效果综合分析、水污染形成原因和监测、植物改善水质的作用、湿地公园景观生态评价与设计、土壤污染治理及案例分析等。

本书可供从事污染治理和环境保护相关工作的人员以及环境科学相关专业师生参考。

图书在版编目（CIP）数据

环境污染治理及典型案例分析/刘璐著. —北京：化学工业出版社，2024.3（2024.8重印）
ISBN 978-7-122-44630-5

Ⅰ. ①环… Ⅱ. ①刘… Ⅲ. ①环境污染-污染防治 Ⅳ. ①X5

中国国家版本馆 CIP 数据核字（2024）第 000363 号

责任编辑：彭爱铭　　　　　　　文字编辑：刘　璐
责任校对：边　涛　　　　　　　装帧设计：韩　飞

出版发行：化学工业出版社
　　　　　（北京市东城区青年湖南街 13 号　邮政编码 100011）
印　　装：北京建宏印刷有限公司
710mm×1000mm　1/16　印张 10　字数 173 千字
2024 年 8 月北京第 1 版第 2 次印刷

购书咨询：010-64518888　　　　售后服务：010-64518899
网　　址：http://www.cip.com.cn
凡购买本书，如有缺损质量问题，本社销售中心负责调换。

定　　价：69.00 元　　　　　　　　　版权所有　违者必究

前 言

人类社会的飞速发展使环境污染日益严重。环境污染危害着人类以及动植物的健康，制约着经济发展以及社会稳定。

全球气候变化导致的极端天气、陆地海洋水体污染以及全球疾病的蔓延都是环境污染带来的连锁反应，人类在此状态下，饱受严重的环境威胁。此外淡水资源短缺、大气污染加剧、土壤重金属污染以及固体废物污染都是我国环境污染面临的主要问题。因此，国家针对环境保护采取了一系列行动，不仅投入了大量资金进行环境保护而且还加强了相关政策法规的出台，但由于政策法规还不成熟并有待完善，所以环保行动仍需要不断持续。

只有依靠更加科学和完善的环境监测技术与方法，才能让我国生态环境保护在发展过程中稳步前行，才能更好地为社会提供优质的生存环境，享受同一片湛蓝的天空。

本书是对环境污染治理及典型案例进行分析研究，共分为五章。第一章是对环境以及环境污染进行初步介绍，让读者对环境污染有一个简单的了解；第二章是关于大气污染防治及案例分析的内容，对大气污染基础内容进行讲解，列举了广州与郴州两个城市的植被滞尘效应案例并进行详细分析，让读者了解植被滞尘的能力、不同功能区植被叶面尘粒径及重金属含量等；第三章是对水污染防治及案例分析的研究，对郴州市湘南学院的翠柳湖以及校内实验室的案例进行分析，了解水体污染成因与有效治理对策；第四章是湿地公园景观生态设计与评价的相关内容，将郴州市两处湿地公园的生态设计以及生态评价作为本章的侧重点；第五章是对环境污染治理措施的研究，简单剖析了环境污染治理措施以及环境监测与治理技术的发展内容，想要让整个生态环境重新焕发生机，合理有效地治理才是关键。

本书的内容主旨是对环境污染治理及典型案例分析的探讨，将专业的环境污染防治技术以及案例进行结合，透过案例更加清晰地了解环境污染对于整个生态的危害，体现科学防治的重要意义。

在本书撰写期间，参考了大量关于环境污染治理的相关资料，也得到了一些专家学者的支持、帮助和鼓励，在此表示诚挚的谢意。当然，囿于个人学识水平，本书一定还存在诸多不足，恳请读者提出宝贵意见。

著者

2023 年 6 月

目 录

第一章

概　述

随着时代的发展，科技得到了突飞猛进的进步，但环境问题却不容乐观，一直是人类面临的一个非常重要的问题。为了更好地发展环境保护事业，实现人类的可持续发展，首先要做的就是让每一位公民认识环境、了解环境以及懂得保护环境的重要性。

第一节　环境污染基础内容

一、环境污染

环境问题是当今世界人类面临的最重要的问题之一，已得到世界各国的高度重视。环境保护是我国的一项基本国策，也是实施可持续发展战略的关键环节。环境污染控制技术是实施环境保护基本国策的重要技术支撑，环境污染控制技术的原理是环境科学工作者必须掌握的基础知识。

环境污染是指污染物进入水、大气和土壤等环境介质，使这些环境介质的结构和功能发生变化，对人类及其他生物的生存和发展产生不利影响的现象。环境污染的类型按环境要素可分为水污染、大气污染和土壤污染。按污染物的来源可分为工业污染、农业污染、交通污染以及生活污染等。按污染物的性质可分为物理性污染、化学性污染、生物性污染等。

（一）水污染

水是分布最广的重要自然资源，是人类赖以生存的基础。存在于地面的，称为地表水；储存于地下的，称为地下水。地表水体包括海洋、湖泊、江河、沼泽、冰川等。人类使用的水主要有生活用水、工业用水和农业灌溉用水。大部分水在使用过程中不可避免地混入多种无机物、有机物、细菌和病毒等污染物质，这些污染物以溶解态、胶态或悬浮态形式存在于水中，导致水质、水生态平衡和使用功能的破坏。在人类社会发展水平较低的时期，人类排放的各种废水可以通过水体的稀释和自净作用，使水质得到恢复，成为人类可以循环利用的水资源。但是随着社会和经济的快速发展和人口的不断增长，大量废水排入水体，水体的稀释和自净功能已经不能满足水体水质恢复的要求，产生了水污染。

1. 水体主要污染物

（1）化学性污染物　水体的化学性污染物是指造成水污染的化学物质。根据污染物的性质，化学性污染物质可分为有机污染物、无机污染物。

根据生物可降解性的差异，有机污染物可分为耗氧有机污染物和持久性有机污染物两类。耗氧有机污染物通常是指生活废水及某些工业废水中所含的碳水化合物、蛋白质、脂肪和木质素等有机化合物。耗氧有机污染物在好氧菌的作用下可分解为简单的无机化合物、二氧化碳和水等，在分解过程中消耗水中的溶解氧（DO），因此被称为耗氧有机污染物。由于废水中有机物成分复杂，难以分别测定各类有机物的含量，因此通常根据水中有机物消耗溶解氧这一特点，采用生化需氧量（BOD）、化学需氧量（COD）和总需氧量（TOD）等指标来反映水中耗氧有机污染物的含量。

废水中难以被微生物所降解的有机物叫作持久性有机污染物（persistent organic pollutants，POPs）。这些污染物进入环境后通常滞留时间较长，在生物体内富集，对生物体产生致癌、致畸、致突变效应和遗传毒性，DDT、六六六等有机氯农药以及多氯联苯等都属于这类污染物。由于持久性有机污染物对人类和生物的危害，根据斯德哥尔摩关于持久性有机污染物的国际公约，已经要求这些污染物在全世界范围内禁止生产和使用。由于持久性有机污染物和重金属都具有难生物降解性和生物毒性，因此有时也将持久性有机污染物和重金属统称为持久性有毒污染物（persistent toxic substances，PTSs）。持久性有毒污染物的环境行为、生物效应和污染控制是当前国内外环境学科领域的研究前沿。

无机污染物包括汞、镉、铅、铬、镍、铍等金属污染物和砷、氰化物、氟化物、硫化物、亚硝酸盐等非金属污染物。重金属可在生物体内积累和转化导致生物毒性；并通过食物链作用危害人体健康。

水体中的营养性污染物主要指生活污水、工业废水和农田排水中能够引起水体富营养化的氮、磷等物质。当水体中氮、磷等营养性物质浓度较高时，会促使藻类大量繁殖，形成水华或赤潮，使水体中的 BOD 猛增，DO 急剧下降，导致水体腐败，危害水体生态系统平衡。水体的长期富营养化过程，可能导致湖泊的消亡。

（2）物理性污染物 水体的物理性污染物包括固体颗粒物污染物、热污染物和放射性污染物等。

水体中的固体颗粒物不但会使水体混浊，而且会使管道和设备堵塞、磨损，影响生活和生产用水质量。根据粒径大小，水中的颗粒污染物可分为溶解态（直径小于1nm）、胶态（直径在1~100nm间）、悬浮态（直径大于100nm）三种形态。在水处理中通常分成两部分，即能透过 $0.45\mu m$ 滤膜的叫溶解性固体（DS），不能透过滤膜的叫作悬浮固体或悬浮物（SS）。两者之和称为总固体（TS）。

温度过高的废水排入水体，会造成水体的热污染。热污染使水体水温升高、藻类繁殖速率加快、水中各种化学和生物化学反应速率加快，溶解氧浓度下降，水生生物因缺氧而死亡。

核能开发、矿物冶炼等工业废水中常含有放射性污染物质，放射性污染物质发出的射线会诱发癌症或造成遗传变异等危害。

（3）生物性污染物 生物性污染物是指废水中的致病性微生物及其他有害生物。生物性污染物主要包括病毒（如肝炎病毒）、细菌（如伤寒杆菌、霍乱弧菌）、寄生虫（如血吸虫等）等。此外，废水中含有的铁细菌、硫细菌、藻类、水草和贝壳类动物等也会导致水质恶化及管道腐蚀，也属于生物性污染物。

2. 主要水质指标

水质是指水与其中所含杂质共同表现出来的物理学、化学和生物学的综合特性。在水污染控制工程中，常用水质指标来衡量水质的好坏，并以此来判断水体受污染的程度。水质指标分为物理学指标、化学指标和生物学指标三大类。

物理学指标包括水的温度、浊度、色度、臭味、电导率等。化学指标常用来衡量水体中化学物质的种类和浓度，评价水体受化学物质污染的程度。水质的主要化学指标有pH值、氯化物和余氯、含氮化合物（氨氮、亚硝酸盐、硝酸盐和总氮等）、含磷化合物（正磷酸盐和总磷等）、含硫化合物（硫化物、亚硫酸盐、硫酸盐等）。反映有机物污染的指标有COD、BOD、TOC（总有机碳）等。对于各类有机化合物，如酚、硝基化合物、农药、表面活性剂、油等都有具体的指标。微生物指标用来衡量水体中有害微生物的种类和数量，评价水体受到有害生物污染的程度，常用的有大肠菌群和细菌总数等指标。此外，毒理学指标可用来评价污染物对基体的毒性作用，包括急性毒性试验、亚急性毒性试验和慢性毒性试验等。常用的毒性参数有最大耐受剂量 LD_0、半致死剂

量 LD_{50} 和绝对致死剂量 LD_{100} 等，还有半致死浓度 LC_{50} 等。

（二）大气污染

大气污染是指大气中的污染物质达到了一定程度，以致破坏生态系统和人类正常生存和发展的条件，对人和生物造成危害的现象。大气污染来源于人为污染源和自然污染源。人为污染源是指人类生活和生产活动过程形成的污染源，可分为化石燃料燃烧、工业生产和交通运输三大方面，前两类污染源称为固定源，交通运输工具（火车、轮船、机动车、轮船）称为移动源。自然污染源是指因自然原因向环境释放污染物而产生的污染，如火山喷发、森林火灾、海啸、岩石风化以及生物腐烂等现象形成的污染源。

1. 大气主要污染物

大气中的各种污染物，按其存在形态可分为气溶胶污染物和气态污染物。

气溶胶污染物是固体微粒、液体粒子在气体介质中的悬浮体。按气溶胶的来源和物理性质可以分为粉尘、烟尘、雾等。

（1）粉尘　粉尘是指悬浮在气体介质中的小固体颗粒，其粒径一般小于 $100\mu m$。粉尘受重力作用可发生沉降，但在一定时间内能够保持悬浮状态，因此也称为悬浮颗粒物。粉尘通常是由于固体物质的破碎、研磨、筛分等机械过程，粉状物质的搬运、加工过程以及土壤、岩石的风化过程而形成的。在大气污染控制中，根据大气中固体颗粒的大小，又将粉尘分为飘尘和降尘，两者之和为总悬浮颗粒物（TSP）。

（2）烟尘　烟尘是指生产过程中形成的粒径在 $1\mu m$ 以下的固体颗粒的气溶胶，它是熔融物质挥发后生成的气态物质的冷凝物，如炼钢烟尘、燃煤烟尘等。

（3）雾　雾一般泛指小液体粒子悬浮体。气象学中特指造成能见度小于 $1km$ 的水滴悬浮体。液体蒸气的凝结、液体的雾化均可形成雾。化学反应过程也可形成雾，如硫酸雾、光化学雾等。

气态污染物是指以分子状态存在的污染物。气态污染物主要可分为五大类，即含硫化合物、含氮化合物、碳氧化合物、碳氢化合物以及卤素化合物等，如表 1-1 所示。

表 1-1　气态污染物的分类

污染物	一次污染物	二次污染物
含硫化合物	SO_2、H_2S	SO_3、H_2SO_4
含氮化合物	NO、NH_3	NO_2、HNO_3、MNO_3

续表

污染物	一次污染物	二次污染物
碳氧化合物	CO、CO_2	无
碳氢化合物	$C_1 \sim C_{10}$化合物	醛、酮、过氧乙酰硝酸酯、O_3
卤素化合物	HF、HCl	无

注：M表示金属离子。

气态污染物还可以分为一次污染物和二次污染物。一次污染物是指从污染源直接排入空气中的原始污染物；二次污染物是指一次污染物进入大气后经过一系列化学或光化学反应而生成的与一次污染物性质不同的新污染物。在大气污染控制中受到重视的一次气态污染物主要有硫氧化物（SO_x）、氮氧化物（NO_x）、碳氧化合物（CO、CO_2）以及碳氢化合物（$C_1 \sim C_{10}$化合物）等，二次污染物主要有硫酸雾、光化学雾等。

除了以上大气主要污染物以外，目前人们对于室内有害气体污染以及生产过程中有毒有害气体污染的危害及其污染控制给予越来越多的重视。居室内有害气体主要来源于室内装修过程，其主要污染物有甲醛、甲苯等有害有机气体和氨等无机气体。许多工业生产过程也会排放各种有毒有害气体，如苯系物、挥发酚、硝基化合物等，这些气体的治理也是目前大气污染控制技术的重要研究内容。

2. 大气环境质量

大气环境质量可以定性和定量描述。用于定量描述的有各种质量指标、质量指数和质量模型；用于定性描述的是各种反映污染程度的描述性语言，如好、差、符合标准、不符合标准等。大气环境质量控制标准是大气环境质量管理及大气污染防治的依据。

大气环境质量控制标准按其用途可分为环境空气质量标准、大气污染物排放标准、大气污染控制技术标准及大气污染物警报标准等。按其使用范围又可分为国家标准、地方标准和行业标准。除这几类标准外，我国还实行大中城市空气污染指数报告制度。

环境空气质量标准是以保护生态环境和人群健康的基本要求为目标而对各种污染物在环境空气中的允许浓度所作的限制规定。它是进行环境空气质量管理、大气环境质量评价以及制定大气污染防治规划和大气污染排放标准的依据。

大气污染物排放标准是以实现环境质量标准为目标，对从污染源排入大气的污染物浓度（或数量）所做的限制规定。它是控制大气污染物的排放量和进行净化装置设计的依据。

大气污染控制技术标准是根据污染物排放标准而制定的辅助标准，如净化装置选用标准、排气筒高度标准及卫生防护距离标准等。这些标准是为保证达到污染物排放标准而从某一方面做出的具体技术规定，其目的是使生产、设计和管理人员容易掌握和执行。

大气污染物警报标准是为保护环境空气质量不致恶化，或根据大气污染发展趋势预防发生污染事故而给定的污染物含量的限值。警报标准的制定，是建立在对人体健康的影响和生物承受限度的综合研究基础之上的。

（三）土壤污染

土壤是一个重要的环境要素，它位于陆地表面具有肥力的疏松层，具有独特的组成成分、结构和功能。土壤是由矿物质、有机质、水分和空气四种物质组成的。土壤系统与大气、水体、生物和岩石等自然因素是相互联系、相互制约、相互转化和相互作用的。在人类活动中，通过大气、水体和生物直接或间接地向土壤系统排放"三废"，排入土壤系统"三废"的量超过土壤系统的自净能力，则破坏土壤系统原来的平衡，引起土壤系统成分、结构和功能发生变化，称为土壤污染。

1. 土壤污染来源和主要污染物

土壤中的污染物和大气、水体中的污染物质有很多是相同的，主要有有机污染物、重金属、放射性物质、有害微生物等，其中最重要的土壤污染物是有机污染物（如农药）和重金属。

（1）有机污染物　农药是最重要的一类有机污染物。有机氯类农药，如DDT、六六六、艾氏剂、狄氏剂等；有机磷类农药，如马拉硫磷、对硫磷、敌敌畏等；氨基甲酸酯类农药、苯氧羧酸类、苯酰胺类除草剂等。

（2）重金属　砷、镉、汞、铬、铜、锌、铅等重金属具有生物难降解的特点，一旦进入环境，就长期滞留、逐渐累积在土壤中，成为土壤中的重要污染物。冶金、矿山等工业废水排放和农田污灌是土壤重金属的主要来源。

2. 土壤环境质量

土壤环境质量标准规定了土壤中污染物的最高允许含量。污染物在土壤中的残留积累，以不造成作物的生长障碍、在籽粒或可食部分中的过量积累（不超过食品卫生标准）或影响土壤、水体（地下水和地表水）等环境质量为界限。20世纪70年代以后，世界各国就开始系统研究土壤标准。为防止土壤污染，保护生态环境，我国已经开始对农药和某些重金属元素进行土壤标准的研究，按土壤应用功能、保护目标和土壤主要性质，制定了《土壤环境质量 农用地土壤污染风险管控标准（试行）》（GB 15618—2018），规定了农用地土壤污染风险筛选值的基本项目为必测项目，包括镉、汞、砷、铅、铬、铜、镍、锌，风险筛选值如表 1-2 所示。

表 1-2 农用地土壤污染风险筛选值（基本项目） 单位：mg/kg

序号	污染物项目①②		风险筛选值			
			pH≤5.5	5.5<pH≤6.5	6.5<pH≤7.5	pH 大于 7.5
1	镉	水田	0.3	0.4	0.6	0.8
		其他	0.3	0.3	0.3	0.6
2	汞	水田	0.5	0.5	0.6	1.0
		其他	1.3	1.8	2.4	3.4
3	砷	水田	30	30	25	20
		其他	40	40	30	25
4	铅	水田	80	100	140	240
		其他	70	90	120	170
5	铬	果园	250	250	300	350
		其他	150	150	200	250
6	铜	果园	150	150	200	200
		其他	50	50	100	100
7	镍		60	70	100	190
8	锌		200	200	250	300

① 重金属和类金属砷均按元素总量计。
② 对于水旱轮作地，采用其中较严格的风险筛选值。

(四)固体废物污染

固体废物是指人类在生产、日常生活和其他活动中产生的、在一定时间和地点无法利用而被废弃的固体或半固体物质。由固体废物所产生的环境污染，称为固体废物污染。

固体废物主要来源于人类的生产和生活活动。在资源开发、产品制造和使用以及生活物质消费过程中都会产生相应的废物，主要工业固体废物的来源如表 1-3 所示。

表 1-3　主要工业固体废物的来源

发生源	产生的主要固体废物
采矿、选矿业	废石、尾矿、金属、砖瓦、水泥、混凝土等建筑材料
冶金、机械、金属结构、交通工业	金属渣、砂石、废模型、陶瓷、涂层、管道、黏结剂、绝缘材料、污垢、木、塑料、橡胶、布、纤维、填料、各种建筑材料、纸、烟尘、破汽车、废机床、废仪表、构架、废电器等
食品工业	烂肉、蔬菜、水果、谷物、硬果壳、金属、玻璃、塑料、烟草、罐头盒等
橡胶、皮革、塑料工业	橡胶、皮革、塑料、线、布、纤维、染料、废渣等

固体废物的分类方法较多，按其性状可分为有机废物和无机废物、从气体中分离出来的固体颗粒物和泥状废物。按其来源可分为矿业废物、工业固体废物、城市垃圾（包括粪便和生活污泥）、农业废物和放射性废物等。在工业固体废物中，又把有毒、易燃、腐蚀和具有反应性的废物称为有害废物。

（五）物理性污染

物理性污染是生产或生活环境中的声、光、热、电磁、放射性等能量性物理环境要素，通过振动、电磁辐射、核辐射或过量照射以及热累积，干扰了人们的生活、工作和学习，危害了人类健康。

物理性污染和化学性、生物性污染相比有两个特点。第一，物理性污染是局部性的，区域性和全球性污染较少；第二，物理性污染在环境中不会有残余物质存在，一旦污染源消除以后，物理性污染也即消失。物理性污染分类如下。

1. 噪声污染

噪声是指人们不需要的声音。噪声可以是自然现象产生的，也可以是由人类活动产生的。噪声污染是一种能量污染，声音是否成为污染，不仅与声音的能量有关，还与受众的主观感受有关。因此，也把噪声污染定义为被测环境的噪声级超过国家或地方规定的噪声标准限值，并影响人们的正常生活、工作或学习的声音。

噪声主要来源于物体的振动，根据噪声来源的不同，可以将噪声分为气体动力噪声（如鼓风机、压缩机等迫使气体通过进气口和排气口时产生的噪声）、机械噪声（如锻锤、打桩等产生的噪声）和电磁性噪声（如发电机、变压器等产生的噪声）。噪声会损伤人的听力，干扰人们的日常休息和生活，对人们产生不良的心理影响，甚至导致心脏病、高血压等疾病。噪声是一种影响面很广的环境污染。

描述噪声的物理量有声压、声强和声功率等。声压和声强反映噪声的强弱，声功率反映声源辐射噪声的能力。在实际应用中，一般用分贝作为表示声音强弱的单位。

2．放射性污染

放射性（radioactivity）是放射性物质自发衰变过程中放射出电离辐射（如α、β、γ射线）的性质。人类生存环境中，天然的本底放射性辐射主要来源于宇宙射线以及空气、地表水等环境介质中的放射性物质。放射性的人为污染主要来源于核武器爆炸、核工业生产及使用放射性物质时排出的放射性废物等。

放射性污染可引起生物体细胞内遗传信息的突变，导致恶性肿瘤、生长发育缓慢、生育能力降低等生物效应，还可能出现胎儿性别比例变化、先天性畸形等遗传效应。

3．电磁辐射污染

由于无线电广播、电视以及微波技术的应用和普及，电磁辐射的强度大幅度增加，当电磁辐射强度超过人体能承受的或仪器设备允许的限度时就构成电磁辐射污染。电磁辐射对人体健康的影响已经开始被人们所认识。

天然的电磁辐射污染来源有雷电、火山喷发、地震、太阳黑子活动等。人为的电磁辐射污染来源有脉冲放电、工频交变电磁场（大功率电机、变压器和输电线）和射频电磁辐射（无线电、电视和微波通信等），射频电磁辐射是电磁环境污染的主要来源。

高频电磁波会引起神经衰弱和自主神经功能失调的症状，微波会引起白内障和角膜伤害。长时间的高频电磁波微波辐射会导致人头痛、乏力、失眠、记忆力衰退等。

4．热污染

由于人类的活动，局部环境和全球环境温度升高，并对人类和生态系统产生间接和直接危害的现象称为热污染。热污染的主要来源有：燃料和工业生产过程产生的废热直接排放；温室气体主要来源于 CO_2，温室气体的排放，增强了大气的温室效应；工业生产和使用的氯氟碳化合物、哈龙等物质，当它们被释放到大气并上升到平流层后，受到紫外线的照射，分解出自由基 Cl·或 Br·，这些自由基很快地与臭氧进行连锁反应，使臭氧层被破坏，导致太阳辐射增强。

水体的热污染主要来自燃料燃烧和化学反应过程产生的热量。以火力发电为例，燃料燃烧的能量，40％转化为电能，12％随烟气排放，48％随冷却水进入水体。在核电站，能耗的33％转化为电能，其余67％均变为废热转入水中。

水体热污染使水体中溶解氧的浓度下降，加快水生生物的代谢速率以及水体和底泥中有机物的生物降解速率，加剧水体富营养化进程。水温的升高还会使水体蒸发量增大，导致湖泊、水库储水量和水质的下降，影响正常的居民生活及生产用水。

燃料燃烧时会产生大量的 CO_2 等碳氧化合物，使地球表面大气升温。在人口集中的城市，混凝土建筑物改变了地表的热反射率和蓄热能力。工业生产、机动车辆和家用空调等居民生活排出的热量加剧了城市环境的升温，形成了城市的热岛效应。

二、环境污染控制方法分类

环境污染控制技术按环境介质分，可以分为水污染控制技术、大气污染控制技术、土壤污染修复技术等。按方法原理分，一般可以分为物理处理方法、物理化学处理方法、化学处理方法、生物处理方法和生态处理方法等。

（一）按环境介质的分类方法

1. 水污染控制技术

废水处理是利用各种技术将污染物从废水中分离出来，或将污染物分解，转化成无害或稳定的物质，从而使废水得以净化的过程。根据所采取技术的作用原理和去除对象，废水处理方法可分为物理处理法、物理化学处理法、化学处理法、生物处理法和生态处理法。主要废水处理方法的处理对象及适用范围，如表 1-4 所示。

表 1-4　主要废水处理方法的处理对象及适用范围

方法原理	处理方法	主要处理对象	适用范围
物理处理法	调节池	均衡水质和水量	预处理
	格栅	粗大悬浮物和漂浮物	预处理
	筛网	较小的悬浮物	预处理
	沉降	可重力沉降的物质	预处理
	气浮	乳化油、密度接近水的悬浮物	预处理或中间处理
	离心机	乳化油、固体物质	预处理或中间处理
	吹脱	溶解性气体	预处理或中间处理
	旋流分离器	密度较大的悬浮物	预处理
	滤池	细小悬浮物	中间或深度处理
	膜技术	盐类、可解离物质	深度处理

方法原理	处理方法	主要处理对象	适用范围
化学和物理化学处理法	中和	酸、碱	预处理
	混凝	胶体、细小悬浮物	中间或深度处理
	化学沉淀	溶解性有害重金属	中间或深度处理
	氧化还原	溶解性有机和无机污染物	中间或深度处理
	萃取	溶解性有机污染物	预处理或中间处理
	吸附	溶解性物质	中间或深度处理
	离子交换	可解离的污染物	深度处理
	高级氧化技术	难降解的有机污染物	预处理和深度处理
生物处理法	好氧生物处理	胶体和溶解性有机污染物	中间处理
	厌氧生物处理	大分子有机物或难降解有机物	中间处理
	生物脱氮	氨氮、总氮	中间处理
生态处理法	土地处理	氮、磷、有机物	中间处理
	稳定塘	氮、磷、有机物	预处理

2．大气污染控制技术

按大气污染物的物理形态可将大气污染治理方法分为颗粒污染物治理技术以及气态污染物治理技术，这些技术基本上都是基于物理和化学方法的污染控制技术。主要大气污染物的治理技术如表 1-5 所示。

表 1-5　主要大气污染物的治理技术

大气污染物	治理技术
颗粒污染物	重力除尘法、惯性力除尘法、离心力除尘法、湿式除尘法、过滤除尘法、电除尘法
气态污染物	吸收法、吸附法、催化燃烧法、冷凝法

3．土壤污染修复技术

土壤中的污染物主要为农药类有机污染物和重金属，有机污染物中有挥发性和半挥发性的有机物，也有难挥发的有机物。对于不同种类和性质的污染物，通常采取不同的土壤修复技术，如表 1-6 所示。

表 1-6　土壤中主要污染物的修复技术

污染物	修复技术
挥发/半挥发性有机污染物	客土法、微生物修复、焚烧、蒸汽汽提、热脱附、化学氧化还原
难挥发有机污染物	客土法、微生物修复、焚烧、多相萃取、化学淋洗、固定化、化学氧化还原、固定化/稳定化
重金属	客土法、植物吸收、固定化/稳定化、化学淋洗

4．固体废物处理技术

对固体废物的污染控制，关键在于解决废物的处理、处置和综合利用。要从污染源头开始，改进或采用新的清洁生产工艺，加强固体废物的资源化利用尽量少排或不排废物，对于生活和生产过程中产生的不同类型的固体废物，采用合理的处置和处理技术。对于工业固体废物，需要根据固体废物的性质，分别采用不同的处理和资源化方法，如煤矸石可以生产水泥、作为筑路和填充材料，粉煤灰可作为原料生产新型化学肥料等。对于有毒有害的危险废物和医疗垃圾，要采用焚烧、消毒等处置方式。城市生活垃圾是最常见的固体废物。目前常用的固体废物处理技术，如表 1-7 所示。

表 1-7　固体废物处理技术

类型	处理技术
预处理技术	压实、破碎、分选、固化、压缩
常规处理技术	填埋、焚烧
资源化利用技术	焚烧发电、热解、好氧堆肥、厌氧发酵

城市垃圾资源化处置包括收集运输系统、资源化系统、最终处置系统三大部分，如图 1-1 所示。

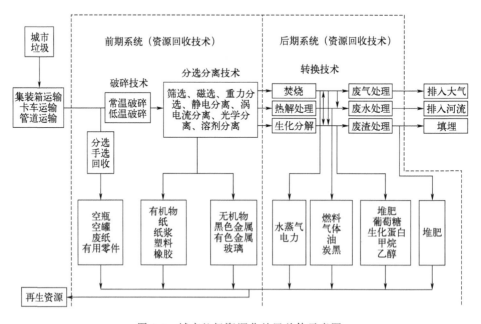

图 1-1　城市垃圾资源化处置总体示意图

5. 物理性污染处理技术

噪声污染、放射性污染、电磁辐射污染、热污染等物理性污染的防治基本上都是基于物理原理的技术。物理性污染的主要防治技术如表 1-8 所示。

表 1-8　物理性污染的主要防治技术

污染类型	防治技术
噪声污染	吸声、隔声、消声、阻尼、减振
放射性污染	放射性物质管理、工作场所通风换气、屏蔽防护、佩戴防护用具
电磁辐射污染	屏蔽防护、接地防护、吸收防护、佩戴防护用具
热污染	提高热能利用效率,开发太阳、地热、海洋和风等新能源,废热利用,绿化

（二）按方法原理的分类方法

1. 物理处理技术

环境污染的物理处理方法是通过物理作用实现污染物质分离的一种污染控制技术。该技术广泛应用在污水处理、大气污染净化、土壤污染处理利用与固体废物污染治理等方面。使用环境污染物理处理方法后，通常不会产生二次污染。如表 1-9 所示为水、大气、土壤和固体废物污染治理中的主要物理处理方法。由于物理性污染基本都是采用物理处理方法，因此表 1-9 中也列出了物理性污染的处理方法。

表 1-9　环境污染物理处理方法

污染类型	物理处理方法
水污染	过滤、沉淀、离心、气浮、膜分离、蒸发
大气污染	粉尘的过滤、重力沉降、静电分离
土壤污染	固定化/稳定化、热修复、电动修复
固体废物污染	浓缩、脱水、破碎、填埋
物理性污染	吸收、隔离、屏蔽、防护

2. 物理化学处理方法

环境污染的物理化学处理方法是通过物理化学作用实现污染物质分离的一种污染控制技术。与单纯物理分离方法比较，基于物理化学原理的分离方法常常伴随化学过程的进行。基于物理化学原理的污染控制方法在环境污染治理中有广泛的应用。如表 1-10 所示为水、大气、土壤污染治理中的物理化学处理方法。

表 1-10　环境污染物理化学处理方法

污染类型	物理化学处理方法
水污染	混凝、吸附、液液萃取、离子交换
大气污染	吸收、吸附、膜分离
土壤污染	化学淋洗、多相萃取、热解吸

3. 化学处理方法

环境污染化学处理方法是通过化学作用实现污染物质分离和去除的一种污染控制技术。环境污染化学处理方法的处理对象主要是无机或有机化学污染物，也用于微生物类污染物的消毒杀菌处理。如表 1-11 所示为水、大气、土壤和固体废物污染治理中的化学处理方法。

表 1-11　环境污染化学处理方法

污染类型	化学处理方法
水污染	中和、氧化、还原、化学沉淀
大气污染	催化氧化、燃烧
土壤污染	氧化还原、焚烧
固体废物污染	热解、焚烧

4. 生物处理方法

环境污染的生物处理方法是污染控制中应用最广泛的处理方法，主要是利用微生物代谢过程中所发生的生物化学作用去除废水、废气、土壤和固体废物中的有机污染物，也包括采用植物吸收等方法去除土壤中的重金属污染物。生物处理方法具有处理成本低、设施简单的特点。如表 1-12 所示为水、大气、土壤和固体废物污染治理中的生物处理方法。

表 1-12　环境污染生物处理方法

污染类型	生物处理方法
水污染	好氧生物处理、厌氧生物处理、生物脱氮除磷、生物絮凝
大气污染	微生物吸收法、植物吸收、微生物过滤法
土壤污染	生物降解、植物吸收
固体废物污染	好氧堆肥、厌氧发酵

5. 生态处理方法

环境污染的生态处理方法是根据生态学及恢复生态学原理，对受污染的环境进行修复的技术。生态处理方法具有处理效果好、低能耗或不需能耗、工程造价相对较低、运行成本低廉以及不形成二次污染的特点。但是生态处理方法会受到气候条件、生物物种引入、土地利用等因素的限制。如表 1-13 所示为水、大气、土壤污染治理中的生态处理方法。

表 1-13　环境污染生态处理方法

污染类型	生态处理方法
水污染	稳定塘污水处理技术、湿地污水处理技术、陆地污水处理技术、水生植被
大气污染	绿化植物
土壤污染	生态稳定(固定)化技术、生态净化技术、生态利用技术

第二节　我国环境污染现状

一、我国存在的主要环境污染问题

我国存在的环境污染问题主要表现在：水资源经过治理依然存在轻度污染情况；部分城市中的大气污染严重；土壤污染逐年加剧；固体废物污染严重。

(一)水资源经过治理依然存在轻度污染情况

我国水资源在时空分布上严重不均衡。受地势和气候条件的影响，我国淡水资源东南地区多，西北地区少，南北相差悬殊。水资源年际变化大，年内分布不均匀导致我国许多地区不同程度地出现洪涝和干旱灾害。例如，我国降水量主要集中在 5 月到 8 月，且夏季降雨量比冬季降雨量多。我国南方地区降雨较多，地下水量丰富，而北方地区严重缺水，地下水位低，个别地区形成地下水漏斗。水资源的这些分布特点影响了部分人们日常生活和经济发展，也不利于水资源的可持续发展。

水资源浪费严重。我国水资源用量较大，农业和工业用水利用率较低，生活用水、自来水的浪费较严重，因而加剧了我国水资源短缺的趋势。据调查，我国农业灌溉水资源的有效利用率为 50% 左右，且大部分地区的灌溉设施落后，节水灌溉技术不成熟，工业用水的重复率较低，造成了巨大的浪费。

我国早期个别地区湖泊呈现富营养化的问题，大型淡水湖泊中，太湖已经处于富营养化状态，滇池富营养化也越来越严重，巢湖营养状态指数有所下降，但还是处于富营养化状态；白洋淀污染较重。全国大多数城市的地下水受到污染，局部地区的部分指标超标，污染问题每况愈下。由于一些地区过度开采地下水，导致地下水位下降。但后来经过有效的、合理的治理，中国水资源呈现较好趋势。太湖、滇池、巢湖都转为轻度污染，白洋淀水质良好，全湖为中营养状态。

（二）部分城市中的大气污染严重

在工业化持续快速推进过程中，能源消费量持续增长，以煤为主的能源消费排放出大量的烟尘、二氧化硫、氮氧化物等大气污染物，大气环境仍有一定的污染；同时伴随着居民收入水平的提高和城市化进程的加快，城市机动车流量迅猛增加，机动车尾气排放也加剧了大气污染。

我国大气污染比较严重的地方集中在经济发达的城市地区，城市也是人口最密集的地方，我国城市严重的大气污染对居民健康造成了危害，已经成为广泛关注的热点问题之一。

我国主要城市的大气质量监测数据表明，2000 年以来城市大气环境总体上呈好转趋势，劣于三级标准的城市比例在持续下降，但仍有一部分城市空气质量未达到二级标准（居住区标准），达到二级标准的城市比例也还不稳定。

颗粒物（PM）是影响我国城市空气质量的主要污染物。2022 年，全国 339 个地级及以上城市（以下简称 339 个城市）中，213 个城市环境空气质量达标，占 62.8%；126 个城市环境空气质量超标，占 37.2%。339 个城市中，86 个城市细颗粒物（$PM_{2.5}$）超标，占 25.4%；55 个城市可吸入颗粒物（PM_{10}）超标，占 16.2%；92 个城市臭氧（O_3）超标，占 27.1%；无二氧化氮（NO_2）、一氧化氮（NO）和二氧化硫（SO_2）超标城市。

随着机动车辆的迅猛增加，机动车尾气低空排放加剧了大城市的空气污染。在北京和广州等大城市，大气中 80% 以上的一氧化碳、40% 以上的氮氧化物来自汽车尾气排放。

氮氧化物是形成光化学烟雾污染的重要物质。近 10 年来，在我国 100 万人口以上的大城市频繁观察到光化学烟雾污染迹象。

大气污染危害人体健康，低浓度长期作用下可引起机体免疫功能的降低、肺功能下降、呼吸及循环系统的改变，诱发和促进了人体过敏性疾病、呼吸系统疾病以及其他疾病的产生。

（三）土壤污染逐年加剧

土壤污染包括污水灌溉污染、酸雨污染、重金属污染、农药和有机物污染、放射性污染、病原菌污染以及各种污染交叉造成的复合污染等。现如今，土地环境状态出现水土流失、荒漠化和沙化情况。2021 年水土流失动态监测成果显示，全国水土流失面积为 267.42 万平方千米。其中，水力侵蚀面积为 110.58 万平方千米，风力侵蚀面积为 156.84 万平方千米。按侵蚀强度分，轻度、中度、强烈、极强烈和剧烈侵蚀面积分别占全国水土流失总面积的 64.4%、16.6%、7.4%、5.5% 和 6.1%。另外，第六次全国荒漠化和沙化调查结果显示，全国荒漠化土地面积为 257.37 万平方千米，沙化土地面积为 168.78 万平方千米。岩溶地区第四次石漠化调查结果显示，岩溶地区现有石漠化土地面积 722.3 万公顷（1 公顷＝10^4 平方米）。

除此之外，化肥的超量投入使土壤中硝酸盐大量积累，威胁着地下水及农副产品的质量安全；连年使用的地膜残留在土壤中难以降解；就连以往认为有益的有机肥也发生了质的变化，由于畜禽饲料中大量添加了铜、铁、锌、锰、钴、硒、碘等微量元素和抗生素、生长激素，当这些东西随畜禽粪便排出，作为有机肥进入土壤时，就会污染环境。

土壤污染会带来严重的经济损失。我国每年仅因土壤重金属污染造成的粮食减产就达 1000 多万吨，每年被重金属污染的粮食多达 1200 万吨。土壤污染使农副产品质量不断下降，许多地方的粮食、蔬菜、水果等食物中的重金属含量超标或接近临界值。一些被污染的耕地生产出了"镉米"，一些污灌区的蔬菜出现难闻异味。土壤污染通过食物链富集到人和动物身体中，危害健康，引发疾病。据调查，广西某矿区因污水灌溉使稻米含镉浓度严重超标，当地居民长期食用这种"镉米"已经达到"痛痛病"的第三阶段。有的地区因长期饮用污水，很多人患有各种疾病。污染的土壤表土会在风力或水力的作用下进入大气和水体中，导致大气、地表水、地下水污染，带来其他次生生态环境问题。如城市人口密度大，表土的污染物质可以随扬尘通过呼吸系统进入人体，影响健康。另外，土壤中的污染物会通过降水等逐渐转移到地下水中，造成地下水污染。

（四）固体废物污染严重

人类社会生产的各种固体废物，如城市居民的生活垃圾、建筑垃圾、清扫垃圾与危险废物（废旧电池、灯管等各种化学危险品，含放射性废物）等已成为现实生活中非同小可的社会问题。如被称为"白色污染"的一次性发泡塑料快餐盒、塑料袋等废弃物，其降解周期要上百年，焚烧则会产生有毒气体。我国固体废物主要来源有三个方面。

1. 工业固体废物

主要是工业生产和加工过程中排入环境的各种废渣、污泥、粉尘等，其中以废渣为主，其数量大、种类多、成分复杂、处理困难。近年来我国一般工业固废产生量逐年上升，2017年我国一般工业固废产生量33.16亿吨，2020年增至36.75亿吨，年复合增长率3.5%。2022年，全国一般工业固体废物产生量为41.1亿吨，综合利用量为23.7亿吨，处置量为8.9亿吨。工业固体废物已成为世界公认的突出环境问题之一。

2. 废旧物资难回收

我国废旧物资回收利用率只相当于世界先进水平的1/4~1/3，大量可再生资源尚未得到回收利用，流失严重，造成污染。据统计，我国每年有数百万吨废钢铁、600多万吨废纸、200万吨玻璃未予回收利用，每年因再生资源流失造成的经济损失达250亿~300亿元。

3. 城市的生活垃圾

我国城市生活垃圾产生量增长快，每年以8%~10%的速度增长，而城市生活垃圾处理率低，仅为55.4%，近一半的垃圾未经处理随意堆置，致使2/3的城市出现垃圾围城现象。

我国传统的垃圾销毁倾倒方式是一种"污染物转移"方式。而现有的垃圾处理场的数量和规模远远不能适应城市垃圾增长的要求，大部分垃圾呈露天集中堆放状态，对环境的即时和潜在危害很大，问题日趋严重；侵占大量土地，对农田破坏严重，堆放在城市郊区的垃圾侵占了大量农田。未经处理或未经严格处理的生活垃圾直接用于农田，或仅经农民简易处理后用于农田，后果严重。由于这种垃圾肥颗粒大，而且含有大量玻璃、金属、碎砖瓦等杂质，破坏了土壤的团粒结构和理化性质，致使土壤保水、保肥能力降低。

二、环境污染控制技术发展现状

随着环境科学学科的发展，环境污染物的种类、数量不断增加，对污染控制技术的发展提出了挑战。当前新型环境污染物和各种污染控制新技术的研究开发是环境科学与工程领域的研究热点。

水污染和大气污染一直是环境科学与工程的两个主要研究领域。欧美发达国家的土壤污染治理及修复技术的研究已有30年左右的历史，我国在20世纪80年代曾开展过土壤环境污染的调查，近几年也开始了关于土壤污染修复的研究。固体废物的处理原来是属于市政环境卫生的技术领域，目前已成为环境科学与工程的一个技术领域。

在水、大气、土壤和固体废物的污染物中，主要是化学性污染物和生物性污染物。细菌、病毒等生物性污染及其预防原属于预防医学的研究范畴，由于医疗垃圾等造成的环境问题以及藻类对水体的污染，目前藻类、细菌、病毒等生物性污染也成为环境污染的重要内容。但是应该说在种类繁多的污染物中，化学性污染物的种类最多，对环境的影响和危害最大，化学性污染物的控制研究是环境污染控制技术中重要的研究内容。

（一）水污染控制技术发展现状

由于水污染状况日益加剧，许多工业废水中存在大量高浓度难降解的污染物，水中持久性有机污染物（POPs）、药物和个人护理用品污染物（PPCPs）等新型微污染物不断出现，这些污染物通常都具有难生物降解且浓度很低的特点，传统的生物处理技术和混凝、沉淀等一级预处理技术难以有效去除这些污染物。由于氮、磷等营养物对水体的污染，我国水体富营养化程度加剧，因而对脱氮除磷水处理技术有迫切需求。国家对企业节能减排的要求，使得对各类废水的资源化利用技术的需求也显著增加。当前水污染控制技术的发展表现在如下几个方面。

1. 难降解有机废水处理技术

由于传统的混凝、沉淀等预处理技术和生物水处理技术，对废水中农药、染料中间体等难降解有机物的去除效果较差，因此难降解有机废水处理技术的研究是当前废水处理领域研究的热点。提高废水的可生化性的预处理技术是难降解有机废水处理的关键。物理化学预处理方法目前应用较多，其中，基于腐蚀电池原理的铁碳微电解技术是一种应用较多、效果较好的难降解废水预处理技术，对硝基化合物、有机氯污染物废水有很好的预处理作用，能提高废水可生化性的效果。

化学氧化通过向废水中加入化学氧化剂，使废水中的难降解有机物降解为小分子有机物或矿化为无机物，从而提高废水的可生化性。光催化氧化、臭氧氧化、芬顿（Fenton）氧化等高级氧化技术所产生的羟基自由基具有氧化效率高、无选择性地降解废水中有机物的优点，可以作为难降解工业废水的预处理技术，提高废水的 BOD_5/COD 比值，改善废水的可生化性。

废水的生物预处理技术主要是厌氧生物预处理和高效优势菌生物处理，厌氧生物预处理具有使染料等难降解有机物降低毒性、提高生化性的效果。对于难降解有机废水，通过向废水中投加对某些难降解有机污染物有特殊效果的高效菌种，可以获得很好的处理效果，如采用白腐菌对酞菁染料废水进行预处理，脱色率达到 90%，TOC 去除率达到 80%。

零价铁在污染控制中具有很好的应用前景，对有机氯污染物的还原脱氯作用可以降低有机氯污染物的毒性，从而提高废水的生物可降解性。由零价铁和活性炭构建的渗透反应格栅（PRB）在地下水原位修复等方面有很多应用研究。零价铁的还原作用可以将废水中的 Cr(Ⅵ) 还原，然后通过沉淀法去除。纳米零价铁因具有更高的比表面积和反应活性，因而有广阔的应用前景，是当前污染控制领域的研究前沿。但是，如何把纳米零价铁结合到常规水处理工艺中，用纳米零价铁对现有水处理滤料进行改性，针对水中某类特殊污染物进行处理，是零价铁在水处理中应用的研究方向。

2. 废水深度处理技术

由于节能减排、废水资源化利用等方面的需求，近年来深度处理技术的研究十分活跃。目前的深度处理技术主要有吸附法、膜技术、吹脱法以及各种高级氧化技术。

吸附法是常用的一种深度处理技术，活性炭、硅藻土、沸石、离子交换树脂等为常用的吸附剂，其中活性炭是应用广泛的吸附剂，对弱极性的疏水性有机污染物，如农药、杀虫剂、合成染料等有较好的去除效果。缺点是活性炭价格高，吸附剂的再生处理麻烦。

膜技术是一种新兴的分离、浓缩、提纯、净化技术，具有运行可靠、设备紧凑、便于自动控制的优点。但是膜的价格高、容易堵塞，运行成本较高，浓缩物的处理和膜的清洗是使用中的主要问题。

吹脱法是去除废水中挥发性污染物的一种有效方法，对废水中的苯、氯苯、二氯甲烷、甲醇等挥发性的小分子有机物的去除效果较好。某些挥发性无机污染物，当 pH 值高于 11 时，废水中的氨氮也可以进行吹脱处理。

曝气生物滤池集曝气、高滤速、截留悬浮物、降解有机物、定期反冲洗于一体，是近年来发展较快的一种废水深度生物处理技术，具有占地面积小、出水水质好、投资省、运行灵活、抗冲击负荷强等优点。曝气生物滤池对废水中有机物、悬浮物和氨氮都有很好的去除作用，对生活污水中的 COD、BOD、氨氮和悬浮物的去除率均可达到 90% 以上。

UV-O_3、UV-H_2O_2、UV-TiO_2 等高级氧化技术所产生的羟基自由基具有氧化效率高、无选择性地降解废水中有机物的优点，还具有消毒灭菌的作用。这些高级氧化技术及其联用作为废水的深度处理技术有很好的应用前景，主要的不足是运行费用较高。

3. 氨氮废水处理技术

高浓度氨氮废水常见于化工废水、垃圾渗滤液中。高浓度氨氮废水常导致生物处理系统难以正常运行，而使废水中有机物的降解效率也大大降低。例如，焦化废水中高浓度的氨氮是导致焦化废水 COD 和氨氮不达标的主要原因。由于水体富营养化日益加剧，我国对水中氨氮的控制要求也越来越严格，因此，近年来氨氮废水处理技术在水处理领域中也十分活跃。低浓度氨氮废水处理常用生物脱氮工艺或天然沸石离子交换法等。生物脱氮工艺是当前废水生物处理的研究热点。天然沸石作为离子交换剂常用于低浓度氨氮废水的脱氮处理，每克天然沸石可以吸附 16mg 左右的氨氮。天然沸石离子交换法操作方便、工艺简单、投资省、材料廉价易得，但是用于高浓度氨氮废水处理时，会使离子交换剂再生频繁，导致操作困难。高浓度氨氮废水处理常用吹脱-生物法、吹脱-折点加氯法、化学沉淀-生物法。吹脱法是将废水的 pH 值调到 11 左右，然后通入空气，将 NH_3 吹脱，水温和吹脱时间对去除率有较大影响。吹脱法的优点是设备简单易行、脱氮效率高、技术成熟，缺点是能耗高、二次污染严重、设备易结垢等。折点加氯法是向氨氮废水中加入氯气或次氯酸钠，将氨氮氧化为 N_2，此法投资省、操作方便、脱氮效果较好，但是对于高浓度氨氮废水，运行成本很高，废水中的有机物可能会形成氯仿等二次污染物。化学沉淀法处理氨氮废水一般是指在废水中加入适当剂量的镁盐和磷酸盐，通过生成磷酸铵镁沉淀去除废水中氨氮的方法，此法操作简单、安全可靠、氨氮去除率高，但是药剂成本高，如果回收磷酸铵镁沉淀作为化工原料或复合肥，则可以获得一定经济效益。针对不同氨氮废水特征，可以选择适当的脱氮方法。由于生物处理工艺具有成本低的优点，因此在吹脱、化学沉淀等处理后，可再用生物处理工艺，进一步进行深度脱氮处理。

（二）大气污染控制技术发展现状

大气污染物有多种来源，燃料燃烧和工业生产等固定源的污染物主要是硫氧化物和氮氧化物，其污染控制的关键技术是高效的脱硫脱硝工艺。机动车、轮船等移动源的污染物主要是碳氢化合物和氮氧化物，其污染控制的关键技术是高效的催化转化技术。室内空气污染的主要污染物是挥发性有机物，如甲醛、苯系物等，其污染控制的关键技术是吸附和光催化氧化技术。工业生产中产生的各种有毒有害的挥发性有机废气，如苯系物、卤代烷烃等，其污染控制的关键技术是吸附回收、催化氧化。

烟气脱硫技术可以分为干法、湿法和半干法三种。干法是用固体吸收剂去除烟气中二氧化硫的方法，主要有活性炭和活性氧化锰吸收、催化氧化、催化还原等。湿法是用液态物质吸收及去除烟气中二氧化硫的方法，主要有石灰-石膏法、双碱法、氨法和海水法等。半干法是脱硫剂湿态脱硫、干态处理脱硫产物，主要包括喷雾干燥脱硫技术、炉内喷射吸收剂等方法。目前，湿法脱硫是主流的脱硫技术。固定源的烟气脱硝技术主要包括 NH_3 选择性催化还原、固体吸附-再生法，其中 NH_3 选择性催化还原是目前研究应用较多的脱硝方法。目前，脱硫脱硝一体化技术的研究是主要的发展趋势，研究的技术包括二氧化硫氧化结合选择性催化还原 NO_x 的一体化技术、再生式脱除 SO_2 和 NO_x 的化学技术、等离子体脱硫脱硝技术和烟气中 SO_2、NO_x 的催化去除技术等。

机动车等移动源的污染物主要是 CO、碳氢化合物、SO_x、NO_x、挥发性有机物（VOC）和细微颗粒物。目前广泛应用的是三效催化剂净化技术，即将尾气中的 CO、碳氢化合物和 NO_x 催化转化为 CO_2、N_2 和 H_2O。

在室内空气和工业生产中，VOC 是一种常见的污染物，其污染控制技术也是当前的研究热点之一。吸附-解吸催化燃烧是目前处理 VOC 比较成熟的方法，国内外均有应用，但是存在投资大、催化剂易中毒等缺点。吸附-解吸法是一种实现 VOC 回收和资源化利用的技术，目前采用活性炭纤维吸附回收工业气体中 VOC 的技术在我国已经有实际工程应用，用该技术处理的 VOC 包括苯系物、卤代烷烃、醇、酮、酯等。生物法处理 VOC 是近二十年来发展起来的一种新技术，国外的生物法以生物滤池的应用较多，我国的研究则还处于起步阶段。脉冲电晕放电被认为是很有前途的 VOC 处理技术，但是目前还处于实验室研究阶段。基于 TiO_2 的光催化氧化技术是一种 VOC 治理的很有前途的技术，目前的研究也十分活跃，研究的关键是催化剂的固定化、拓宽催化剂的使用范围和提高光催化剂的催化效率。

全球气候变暖问题使得对温室气体——二氧化碳排放的控制技术的研究成为大气污染控制技术的重要研究内容。利用自然界的光合作用吸收储存二氧化碳的生物技术和燃料电池等新能源的开发可以有效控制和减少二氧化碳的排放。二氧化碳污染的控制技术主要包括二氧化碳的捕集和处置技术。二氧化碳的捕集是污染控制的第一步，目前已有化学吸收、冷冻分离、膜分离、分子筛吸附等捕集方法。二氧化碳的地质处置方法正受到越来越多的关注，将二氧化碳储存在废油气井、地下含水层和海洋是储存二氧化碳的三种主要途径。

（三）固体废物处理技术发展现状

固体废物的处理方法有卫生填埋、堆肥、焚烧、热解和资源化利用等。

卫生填埋是世界各国常用的一种固体废物处理方法，我国 80% 的固体废物采用填埋方法，其优点是投资少、操作简便、处理量大、处理费用低，缺点是占地面积大，易产生地下水污染。

堆肥技术是利用自然菌种发酵降解有机物，实现无害化处理的方法。堆肥根据供氧情况又可分为好氧堆肥和厌氧堆肥。我国城市垃圾处理中，堆肥技术占 10%～20%。堆肥技术的优点是投资少、操作简便，缺点是发酵时间长、占地面积大。

焚烧技术利用高温将垃圾中有机物氧化为二氧化碳和水，使废物有效减量和减重，同时可以杀灭细菌、病毒，是发达国家普遍采用的技术，优点是占地少、污染小、能回收热能。该技术的缺点是投资和运行成本高，可能产生二噁英等二次污染物。目前在我国城市垃圾处理中焚烧法仅占5%。

热解是在无氧或缺氧条件下，使可燃性有机物高温分解，生成油、可燃气体和固型碳的化学分解过程，其优点是能源回收性好、污染小、无二次污染，缺点是技术复杂、投资高。

资源化利用是当前固体废物处理的研究热点，针对不同类型的固体废物，采用不同的资源化利用的方法。如农业废物：畜禽粪便处理的主要方向是厌氧发酵产生沼气；秸秆等固体废物的发展方向是作为生物质能源加以利用。我国生物质能源分布丰富，农作物秸秆和薪柴的年产量可以达到6亿吨和1.3亿吨，若全部用于生产乙醇和其他液体燃料，每年产量可达2亿吨。这些生物质能是可再生的能源。又如某些固体废物经粉碎，加入适量配料后注模成型，可制成高强度的轻质建筑材料。

辐射技术是目前固体废物处理的新技术。辐射技术可使被照射的物质产生交联、裂解、固化等作用。如高能电子束和电离辐射可以引起高分子共价键断裂和产生自由基反应，使大分子裂解。高能电子束还可使物质发生物理和化学变化，从而实现固化。微波、低温等离子体、高能电子束等辐射技术在固体废物处理方面有较多的应用研究，如美国某研究所研究含油污泥的脱油技术，结果表明微波辐射比常规的脱油技术快30倍，处理系统的体积比常规脱油处理系统小90%。含油污泥微波脱油的过程为先将污泥用微波辐射，然后以连续流动方式离心分离，处理能力为283L/min，分离得到高质量的油料，油料回收率达98%，处理后的固体废物填埋处理。辐射技术作为一种固体废物处理的新技术，具有节约能源、无公害、反应易控制的优点，具有很好的发展和应用前景。

（四）土壤污染修复技术发展现状

欧美发达国家在土壤污染修复方面已经有几十年的研究历史。与国外相比，我国在土壤污染修复技术方面的研究时间较短。近几年，随着社会经济的发展和国际环境公约的推动，我国在土壤污染修复方面做了大量研究工作。

土壤修复技术按处理方式分为原位修复和异位修复两种，按技术原理分为物理修复、化学修复和生物修复三类。物理修复技术有客土、热力学修复、蒸汽汽提、电动力学修复、焚烧等，化学修复有氧化还原、化学洗脱等，生物修复有生物通风、生物反应器、植物修复等。固定化、热脱附、汽提、多相萃取、化学修复、生物修复等多种技术已经在国外有成功应用。美国国家环境保护局（USEPA）统计资料表明：固定化/稳定化、热解吸为主要的修复技术，焚烧技术呈下降趋势；由于原位修复省去了挖掘和运输过程，节省了人力劳动，降低了人员暴露风险，原位修复技术成为近年来的主要发展趋势。对于污染物浓度高、毒性大的土壤，氧化还原和化学洗脱等修复技术在实际应用中呈现明显上升趋势。

第三节　保护环境基本策略

一、加强沟通协调

生态环境保护，是一个非常复杂的系统工程，参与部门多，实际分工细，在国家环保政策落实上环保部门负责统一集中管理。一方面，要站到新发展理念落实层面，强化对自身职责的践行；另一方面，需要结合环境保护基本现状，为政府部门提供科学参考，推动生态环境保护配套政策的出台。深化部门之间的沟通协调，探索多部门综合协调机制建设，调动不同部门力量，将生态环境保护理念融入实际工作中，避免末端管理现象的出现，以往环保部门工作任务多、实际监管压力大的问题才能得到有效解决。立足全面、协调、可持续发展的实际需要，进一步丰富环境保护的基本内涵，推动"大环保"概念的形成，进而由以往单纯注重工业生产造成的污染防治转向防治工业污染和生态环境改善的有机结合，这样就提高了整个社会对环境污染的基本认识，始终从全局层面关注、参与生态环境保护工作。

二、突出监管防控

在环境保护当中，基层环保部门承担着非常大的责任，环保工作涉及的层面相对广泛，但是，监管与防控应放到最核心的位置。对于地方环保部门而言，环境监管是重要的职责所在，为此，对于监管范围内的事情应切实管好、管到位，例如，对于建设项目要进行全过程监管，对于污染防治设施要进行监管等。对于协调范围内的事情，应主动介入，加大对不同参与部门的协调力度，应突出与相关职能部门、镇街的沟通联系，一旦发现生态环境污染的苗头，应第一时间制订应对策略，及时将生态环境污染问题消除在萌芽状态。在生态环境保护中，要突出环境执法的基本作用，通过对环境污染行为的执法，彰显法律的权威性，进而发挥法律对于各种潜在生态环境污染行为的震慑作用，有助于更好地保护人民群众的生态环境权益，逐步提高环保部门在社会建设中的地位，对于国家生态环境保护政策的落实具有深刻影响。

在防控生态环境污染上，既要抓好预防，又要做到及时控制。结合以往的生态环境污染问题，突出对新上污染项目的严格控制，对项目的审批、建设及实际运行要从严把关，突出生态环境安全的指导作用，以此实现对环境风险的全过程监管，这样就从最初始的环节规避了以往法律监管缺失问题的存在，实现了对生态环境污染问题监管的关口前移。对于新项目，从最初的评估开始介入，实现对生态环境污染问题的超前监管，在项目源头建设上广泛听取不同的声音，这样能有效减少漏洞或者失误的出现，从而确保了新项目能满足生态环境保护基本标准要求，从事前、事中、事后实现对项目的全过程监管，将生态环境污染问题监管的压力分散到不同阶段，减轻了事后集中监管的压力。认真组织专项行动、突击检查等，提升实际监管的力度，实现对生态环境污染行为的有力打击。从污染物最终排放总量上进行科学控制，对老污染减少与新污染实际增加基本情况进行精准把握，以此来指导总量控制计划的制订。在地方重点行业结构调整优化过程中，一定要体现总量控制指标的要求，在落后产能的淘汰中把总量给有效腾出来。在各种新建项目的审批中，要抓好总量的落实，通过对生产发展的优化，以新代老，实现对排污增长量的科学控制。同时，需要将总量指标与重点企业生产管理结合起来，突出对企业生产经营的指导作用，按照法律法规要求，加快清洁生产速度，实现对总量的有效削减。此外，需要将总量控制指标与综合治理环境污染等的提高相结合，切实把环保工程减排总量落到实处。

三、强化环境保护意识

随着乡村振兴等一系列战略的实施，生态环境污染问题在农村地区表现得尤为严重，整体的环境形势不容乐观。各级党组织、行政机构、企事业单位等应强化生态环境保护责任意识，积极参与生态系统的保护与恢复，切实营造一个人与自然和谐相处的生态环境。对于环保部门而言，要深刻认识履职尽责的重要性，在"环境评价"与"三同时"等方面进行从严管理，斩断污染转移链条，避免城镇地区环境污染问题向农村地区转移。同时，应树立前瞻意识，引导当地政府部门树立生态环境保护优先的意识，从决策与规划的源头对经济发展与环境保护之间的关系进行综合考量，突出规划环评对科学决策的参考指导作用。把生态环境保护与具体治理相结合，加大对各地矿产资源、水利工程、旅游开发等的监管力度，努力防范各种新的破坏生态环境现象的出现，注重自然环境的恢复，对天然植被进行有效保护，加快水土保持生态建设。对于农村出现的面源污染问题，要积极制定措施进行治理，突出对农村饮用水源地污染水体的治理，逐步提高水质水平；通过监测力度的强化，推动责任追究制度的落实，以此形成对农村饮水安全的有效保护。加大对生态环境污染的防治、保护的宣传力度，汇聚生态环境污染防治与保护合力，为各项环境保护政策措施的落实营造良好的社会氛围。

第四节　自然生态系统的保护

一、森林生态系统的保护

森林是陆地生态系统的重要组成部分，在涵养水源、保持生物多样性、维护生态安全方面发挥着重要的作用，是人类赖以生存的重要基础和重要的物质资源。森林在整个生态系统当中扮演着十分重要的角色，同时也是生态系统当中不可或缺的重要组成部分。从一定程度来讲，加强森林生态环境的有效保护，树立生态环境保护意识，有助于推动区域经济的健康可持续发展，实现社会进步。

（一）我国森林资源基本情况及存在问题

1. 我国森林资源的基本情况

我国地域辽阔，自然条件多样，适宜各种林木生长。2014～2018 年的第九次全国森林资源清查结果显示，我国森林资源总体上呈现数量持续增加、质量稳步提升、生态功能不断增强的良好发展态势，初步形成了国有林以公益林为主、集体林以商品林为主、木材供给以人工林为主的合理格局。2021 年，全国森林覆盖率 24.02%，森林面积 2.31 亿公顷，其中人工林面积 8469.6 万公顷，继续保持世界首位。森林蓄积量 194.93 亿立方米。森林植被总生物量218.86 亿吨，总碳储量 114.43 亿吨。年涵养水源量 8038.53 亿立方米，年固土量 117.20 亿吨，年滞尘量 102.57 亿吨，年吸收大气污染物量 0.75 亿吨，年固碳量 3.49 亿吨，年释氧量 9.34 亿吨。

根据国家林业和草原局数据，2021 年中国森林面积占世界森林面积的5.4%，居俄罗斯、巴西、加拿大、美国之后，列第五位；森林蓄积量居巴西、俄罗斯、美国、刚果民主共和国、加拿大之后，列第六位；人工林面积多年来位居世界首位。中国人均森林面积 0.16 公顷，大约为世界人均森林面积的

1/3；人均森林蓄积量 13.79 立方米，大约为世界人均森林蓄积的 1/6。中国森林资源总量位居世界前列，但人均占有量少。

2. 我国森林生态系统存在的问题

我国森林生态系统当前存在的问题如下。

（1）集中过伐　由于长期以来的林业指导思想是重采伐、轻造林育林，没有建立林价制度，而且是无偿采伐，不需交任何费用，结果导致营林资金不足。伐林时重视单一的原木生产，轻视发挥森林的生态效益和社会效益，且按需定产，导致木材生产任务过重。经常采用割草式砍伐即集中过伐，结果导致采育失衡，林地难以恢复其生态正常循环，造成更新跟不上采伐。

（2）毁林开荒　森林地往往土壤肥沃，随着人口增长，对耕地的需要增加，致使许多森林地被开发成耕地。现在的耕地中，由原始森林垦荒而来的占 1/3 左右。在我国热带地区，林地向农业用地和热作物地转化问题尤为严重，如海南岛的土地垦殖率一直随人口的增长而增加。

（3）乱砍滥伐　造成乱砍滥伐、破坏森林生态系统的一个重要原因是为了得到农村生活能源。在过去一段时期内，乱砍滥伐严重，最严重时计划外森林资源消耗量是国家计划内消耗量的 2.32 倍。我国目前许多山区，仍以薪柴为主要的农村生活能源，占能源结构中的 68%～74%，尤其是干旱区的农村生活能源至今仍十分缺乏。另外，近林区人民掠夺式地乱砍林木建房子、制家具等都属于乱砍滥伐。

（4）森林火灾频繁　森林火灾 90% 是人为因素引起的。林区经营管理水平低，防火设施差，火灾预防和控制能力弱。如果人们的护林意识不强，稍有不慎就会人为引起火灾，对森林生态系统造成破坏。

（5）森林病虫害剧增　据统计，我国有各种森林病虫害 8000 多种，在全国大量发生的有 200 多种。原因是森林过伐和大面积人工纯林的发展，结果改变了森林的组成结构和生物之间相互制约的生态关系，降低了森林自我抗御病虫害的能力，造成森林病虫害发生的规模和频率剧增。

（6）造林保存率低　造林保存率低的原因是造林技术低，重造林数量，轻质量，造林后轻管理。每年的 3 月 12 日是中国的植树节，我国每年都投入大量的人力、物力、财力进行植树，但植被覆盖率上升不是很快。原因可能有两个：一个是造林品种可能不是当地的适宜种；另一个就是造林后没有护理好，种下后不再管理，有可能被当地人民放牧或当薪柴采挖，也有可能树木在苗期由于缺水缺肥或病虫害导致部分或全部死亡，结果造成造林保存率不高。曾在一段时期内，新造林的保存面积仅为造林面积的 1/3。

（二）我国保护和发展森林生态系统对策

1. 植树造林，扩大森林覆盖面积

（1）深化植树运动，提高造林质量。

中国森林覆盖率低，完全发挥不了森林生态系统的服务功能；山区多，宜林地多；当前缺少防护林、薪柴林、经济林、特用林等，用材林的需求量也在增加，因此急需造林。今后要继续推行全民植树运动，但植树要适苗适时适量，种下后要及时进行水、肥、防病虫害管理，要建防护网或立提示碑，防止对苗木的损坏，提高造林绿化的质量和效益。

（2）加快重点林业生态工程建设。

在继续推进十大林业生态工程的同时，在其他大江大河流域生态环境严重恶化的地区要继续进行林业生态工程建设。争取在各大江大河源头区实施水源涵养林生态工程；在大江大河中游及下游区建蓄洪泄洪、净化上游来水污染的河岸防护林生态工程；在海滨区建固岸防风挡浪、净化外流河带来污染的海滨防护林生态工程；在风沙区建防风固沙的防护林生态工程。

（3）加速退耕还林，做好有效监测。

水土流失的主要原因是毁林开垦，陡坡种植。应加速退耕还林，主要措施有：①建立健全补助政策。②实行目标任务资金责任"四到省"。退耕还林还草实行省级政府负总责和市、县政府目标责任制，并规定目标、任务、资金、责任"四到省"。③切实加强工程监管。坚持种苗先行，出台专门管理办法，种苗选择上坚持质量优先、就地培育、就近调剂。④扎实做好检查监测。制定检查验收办法，实行县级自查、省级复查和国家级核查的三级检查验收制度。

（4）加强商品林建设，形成闭环框架。

为解决国内对木材及果林等其他商品林的需求，在按分类经营原则调整和区划生态林业建设地域的同时，积极区划商品林业发展，努力形成商品林业的骨干和框架。

（5）种植薪炭林，推广节柴灶。

长江、黄河上中游地区薪柴消耗约占毁林的 30%。要有计划地种植速生薪炭林，大力推广节柴灶、沼气、秸秆气化等，解决由薪柴消耗的毁林。

2. 抓好森林生态系统的保护工作

（1）实施天然林保护工程。

天然林是中国森林生态系统保护及修复的基础，但现存量已很少，急需进行保护。

将长江、黄河中上游生态环境脆弱地区划为禁伐区和缓冲区组成的生态保护区，森工企业转向营林保护。在禁伐区实行严格管护，坚决停止采伐；在缓冲区要大幅度减少天然林采伐量，加大保护力度，开展营造林建设，加强多资源综合开发利用，调整和优化经济结构。天然林保护工程实施的目标是在天然林保护地区实现木材生产以采伐利用天然林为主向经营利用人工林为主转变。

（2）坚决制止毁林开垦、陡坡种植。

陡坡种植得不偿失，每年维护陡坡投入的物力、财力还不够种植获得的收入。因此要坚决制止毁林开垦、陡坡种植。

（3）抓好森林的防火工作。

加强重点火险区以控制火源为中心的综合治理；建设防扑火队伍，加大投入力度，加强基础设施建设，建设火灾预测预报系统；全面推进以生物防火带工程和以计划烧除为主体的防火阻隔系统建设；加强防火值班。

（4）重视森林病虫害防治工作。

要重视森林病虫害防治工作，首先要在思想上重视，然后才能采取合理正确的防治措施。要从苗木、造林入手，培育抗病毒、抗虫害的苗种，营造混交林；抓好病虫害防治工作目标管理，并将其纳入地方各级领导保护发展森林资源的目标责任制，严格检查考核；搞好预测预报，完成全国中心测报点的布局，加强防治和检测信息网络建设。

（5）强化野生动植物的保护和管理。

要抓好森林生态系统的保护工作，还要强化野生动植物的保护和管理，加强森林公安和林业工作站建设。森林生态系统的保护不仅仅限于林木，还要包括生活在森林中的动植物，对它们的保护是对森林生态系统保护的一部分。通过加强森林公安建设，借助法律的手段进行野生动植物的保护和管理；通过加强林业工作站的建设，进行森林生态系统中的动植物的监控、护理工作，这样才能全面地进行森林生态系统的保护。

3．加大宣传，培养生态环境意识

只有通过加大宣传力度让大家知道森林生态系统的服务功能（不仅为人类提供各种资源，而且为人类创造良好的生态环境等）、树木种植技术、森林保护方法，才能提高全民的植树造林的绿化意识，才有利于森林生态系统的修复与保护。宣传形式多种多样，如报纸、电视、广播、网络、学校教育等。宣传内容包括保护森林、发展林业的重要性，特别是宣传林业在大农业中的地位和作用以及森林在全球生态系统中的重要性。

4．加强林业法制建设，实施依法治林

要进行森林生态系统的保护，法律的手段绝对少不了，它是对其他手段的

补充。围绕新《中华人民共和国森林法》（2020 年 7 月 1 日）的实施，抓好林业的立法和法规的配套工作。

当前的工作是让《中华人民共和国森林法》（2020 年 7 月 1 日）的规则细化，针对某个地区某个对象，另外就是要加强林业执法和执法监督。加强普法教育，让每个人自觉地遵守《中华人民共和国森林法》（2020 年 7 月 1 日），并去监督他人。

5. 实行责任制，便于更好地扶持林业

制定并实施领导干部保护和发展森林生态系统任期目标责任制，及时检查通报目标完成情况，使之有效实行。坚持谁造林谁所有的原则，稳定完善各种形式的联产承包责任制，发展多种形式的经济联合，对林业实行特殊的扶持政策，充分调动国家、集体和个人经营林业的积极性。

6. 建立健全稳定的投入保障机制

坚持国家、集体、个人一起上，多渠道、多层次、多方位筹集建设资金。国家生态环境建设重点工程项目纳入国家基本建设计划，地方按比例安排配套资金。地方性的生态环境建设项目，由地方负责投入。小型建设项目主要依靠广大群众劳务投入和国家以工代赈，并广泛吸引社会各方面的投资。各级政府和有关部门要按照事权、财权划分，对生态环境建设的投入做出长期安排。中央和地方要将生态环境建设的资金列入预算，安排好生态环境建设资金。国家预算内基本建设投资、财政支农资金、农业综合开发资金等的使用，都要把生态环境建设作为一项重要内容，统筹安排并逐年增长。银行要增加用于生态环境建设的贷款，并适当延长贷款偿还年限。积极争取利用国外资金，国外的长期低息贷款和赠款要优先安排考虑生态环境建设项目。加强已建立的林业基金的使用管理，切实用于水土保持、植树种草等生态环境建设。按照"谁受益、谁补偿，谁破坏、谁恢复"的原则，建立生态效益补偿制度。按照"谁投资、谁经营、谁受益"的原则，鼓励社会上的各类投资主体向生态环境建设投资。对国内外资助生态环境建设的突出贡献者，国家给予表彰和奖励。

7. 实施科教兴林战略，推进生态系统建设

要保护森林生态系统和推进森林生态系统建设，肯定离不开科学研究和教育，原因有两个：一是加快林业发展的关键在科技进步。从选苗木、播种方式到管护方式中防火与防病虫害预测预报系统的建设、森林中动植物的保护等都离不开科技。二是我国林业肩负着优化环境和促进发展的双重使命，而我国森林资源存在着总量不足、分布不均、林地利用率低、资源综合利用差等问题。今后要从以下三方面着手：强化林业科技推广工作，促进科技成果的转化；攀

登林业科技高峰,尽快缩短与世界林业发达国家的科技差距;建立新型林业科技体制,形成科技与生产建设协调发展的新格局。

8. 加强森林自然保护区的建设与管理

自然保护区的建设与管理将为保护森林生态系统提供对照标准。今后要全面规划,有计划地加强建设。由于我国已建立的森林生态类型的自然保护区与需要相比,还有很大差距,需进一步发展。已建的自然保护区也要进一步加强管理,促进其良性发展。

二、草原生态系统的保护

草原作为陆地重要的生态系统之一,有着非常丰富的生产资源与强大的生态功能。作为草原面积位居世界第一的大国,我国人均草原利用率却仅为世界水平的一半,这也使我国的草原资源弥足珍贵。因此,只有加强对草原生态环境的保护、修复与利用,才能使我国的草原发挥出更大的生态与经济价值。

(一)我国草原状况及存在的问题

1. 我国草原状况

由于我国地形多样,从南到北有三大气候带,从东南到西北又有湿润区、半湿润区、半干旱区及干旱区之分,由地形、气候、水分组成多种多样的自然环境,多样的环境下又存在着多样的草原。我国草原类型多,居世界第一位,共有 18 个大类,37 个亚类,1000 多个草地型。全国以经营草地牧业为主的县(区、旗)有 264 个。我国有牧草类型 5000 多种,其中有优良的豆科牧草 1130 种,禾本科牧草 1150 种。草原上还生活着许多珍稀野生动物,生长着许多珍贵的中草药。

2. 我国草原生态系统存在的问题

(1)超载放牧,草场退化 随着人口的增加和生活水平的提高,人们对奶、肉、奶制品、肉制品、毛及皮等的需求量大大增加,但是草原面积没有扩大。有些地区由于对耕地的需求,开垦草地变为耕地,造成草原面积减小。而且我国草原载畜量很低,草原单位面积产草量在下降,结果导致超载放牧,再加上虫害、鼠害严重,现在草场退化的情况已带有普遍性。

(2)毁草开荒,耕地沙化 早期森林草原黑钙土、暗栗钙土地区拥有一定数量的适宜性土地资源,绝大多数早已被开垦,发展成为著名的粮食生产与多种经营的农业基地。后来,随着人口增长,对粮食需求增加,一些地方不恰当地开垦陡坡地、沙质地，甚至固定沙地，破坏了草场，引起耕地沙化，使生物多样性及其价值大大降低。

（3）连年割草，滥采药材　连年超强度割草，导致自然生产力下降，物种的饱和度降低；优良豆科牧草减少，劣质菊科、藜科杂草类增多。乱挖滥采药材，已使我国草原中广泛分布的野生中药材，如麻黄、甘草、黄芪等数量日趋减少，有些濒临灭绝。

（4）乱捕滥杀野生动物　乱捕滥杀野生动物致使一些有益野生动物濒临灭绝，有害物种种群扩张。由于生物群落中天敌数量的减少，一些草食性鼠类（如布氏田鼠等）的种群数量则有扩大的趋势，在繁殖高峰期，往往造成严重的危害。

（5）煤矿、油田开采，污染草原环境　草原地区蕴藏着多种矿产资源，其中煤炭、石油、天然气等的藏量尤为丰富。国家经济的发展，要求大规模地开发这些地下资源。在开发过程中不注意环境保护，会造成草原的污染和破坏。

（二）我国草原保护对策基础内容

1. 健全和完善法律法规，严格执法

1985年6月，我国颁布了《中华人民共和国草原法》（现行版本2021年4月29日第十三届全国人民代表大会常务委员会第二十八次会议第三次修正，简称《草原法》）。根据《草原法》的基本原则，在各省、直辖市、自治区制定有关管理条例的基础上，各县（旗）应针对当地实际情况制定有关细则，健全和完善法规体系。此外，还应加强草地管理法制宣传教育工作，通过宣传《草原法》等法律法规，提高广大群众保护草原的法律意识。还要加强草原执法队伍建设，从国家有关部门到地方各级政府，从培养人才、设置机构到经费使用等各方面均要采取有力措施，保证各部门充分发挥法制管理的威力，严格执法。从而有效地保护草原，发挥其生态功能，促进农牧业发展，实现草原的永续利用。

2. 加大投资力度，加强生态系统建设

实行国家、集体和个人结合，加大草原建设投资力度。加强草原建设主要通过以下五个方面进行：建设人工或半人工草场，推广草仓库，积极改良退化草场；利用洼地储积降水和地表径流，灌溉附近草场；有条件的地方实行松翻补播，提高产草量；发展人工牧草，适宜地方实行草田轮作；采取科学措施，综合防治草原的病虫鼠害，注意防止农药及工矿企业排放"三废"对草原的污染，保护黄鼬、鹰和狐狸等鼠类天敌。

3．加强我国草地畜牧业的有效管理

通过合理控制牲畜头数，调整畜群结构，实行以草定畜，防止草场超载放牧；建立两季或三季为主的季节营地，大力推行划区围栏轮牧；推行草地有偿承包合作制度来加强草地畜牧业的管理。

4．草原开辟和应用新能源

在草原开辟和应用新能源，如太阳能、风能、沼气等，以解决部分牧民生活能源问题，减轻天然植被破坏。在条件适宜的地区发展薪炭林，解决部分牧民生活能源问题。

5．加强科学研究，实行"科技兴草"

对草地生态系统的保护及草地生态系统的更新也离不开科学研究。我国的草地生态系统多处于生态环境比较脆弱的地区，而且单位面积产草率低，载畜量低，存在不同程度的退化，而我国人口及生活水平的增长对其需求不断增加，因此要加强各种草地优良品种的培育和草地生态系统建设，加强草地病虫害、鼠害防治技术和退化草原恢复技术的发展。

6．加强草原自然保护区的建设和管理

草原自然保护区和森林自然保护区一样，为草原生态系统的保护起着重要的作用，它的存在为保护确定了方向和目标。国家有关部门和地方政府应加大投入，加强已有自然保护区的建设；同时逐步增加草原自然保护区的数量。我国在草原牧区相继建立了一批草地类自然保护区，并初步形成草原自然保护区的网络体系。但多数保护区的管理水平还不高，科研技术力量薄弱，设备简陋，资金运转困难，因此，需要采取有力措施进行现有自然保护区的完善。由于草原生态系统对人类生态系统的作用影响不大，因此并没有引起我们足够的重视。特别是西北内陆和西部高寒地区，草原自然保护区的建设与管理更容易被忽视，所以我们要认识到草原自然保护区的重要价值，并加强新的草地自然保护区的建设，为草地生态系统的建设和管理提供目标和保障。

三、荒漠生态系统的保护

荒漠是我国干旱、半干旱地区的典型原生生态系统，具有独特的结构、功能与服务。加强对荒漠生态系统的保护至关重要。

（一）荒漠的概念

荒漠是指地带性干旱气候，雨量在 200mm 以下，或高寒地区，植被稀

疏、动物较少的荒芜地区。

（二）荒漠的分类

荒漠按其所分布的区域及其主要特征分为干旱、半干旱荒漠和高寒荒漠两类。

1. 干旱、半干旱荒漠

干旱、半干旱荒漠指在干旱、半干旱地区，气候干旱少雨，植被稀疏、动物较少的荒芜地区。以风力侵蚀为主。可分成 3 类。

（1）石质荒漠（岩漠）　在干旱地区，遭受强烈风化和风蚀的裸露的基岩地表，例如风蘑菇、风蚀谷、风蚀丘、风摆石等。多形成于干旱区的山前地带。

（2）砾质荒漠（砾漠）　指风力侵蚀强烈，砾石堆积覆盖地表的荒漠。它是古代堆积物经强劲风力作用，吹走较细的物质，留下粗大砾石覆盖于地表而形成的。

（3）沙漠　风力侵蚀较强，风成沙质堆积为主，地表由大量风成沙堆积覆盖，在干旱、半干旱荒漠中面积较大。地球陆地的三分之一是沙漠。因为水很少，有"荒沙"之称。

2. 高寒荒漠

在我国青藏高原的北部，海拔 5000～5500m，为永冻土，以寒冻风化的冻融侵蚀作用为主。

（三）荒漠生态系统的功能和效益

荒漠生态系统的功能和效益在于：①能固定流沙，减弱风蚀，改善生态环境。②提供一定数量的牧草，可以发展畜牧业，为人们提供肉类制品和奶类制品，以及动物的毛皮。③提供名贵药材，许多为特有药材，可供出口，换取外汇。④养育着许多当地特有的动植物，这些动植物珍稀、古老，极具科研价值。⑤提供柴草，作为燃料，满足当地生活的需要。⑥形成稳定的结皮层，维持着当地的生态平衡。无论是干旱、半干旱荒漠还是高寒荒漠，都是生态环境极其脆弱的地区，表层的结皮层都是经过好多年才形成的。结皮层的存在将起着固定下部松散部分的功能，它们的存在对于当地的生态平衡具有极其重要的作用。

（四）我国荒漠生态系统存在的问题

1. 樵采和滥挖对荒漠植物造成破坏

荒漠位于干旱、半干旱地区或高寒地区，严酷的环境养育着许多珍贵药材和其他珍贵植物。这些地区往往多风沙，对珍贵药材和名贵植物等植物资源掠夺式的滥挖，使表皮层受到破坏，造成沙丘活化，沙尘暴天气增多，也造成许多珍贵植物种的减少甚至灭绝。

2. 中国部分地区不合理的农业开垦

部分地区不合理的农业开垦一方面使许多野生植物资源直接受到破坏，另一方面缩小了野生动物的栖息地，使之数量减少，有些已灭绝或趋于灭绝。不合理的农业开垦不但使荒漠生态系统中的生物生存受到威胁，而且致使原稳定荒漠生态系统的生态环境也趋向恶化，向不稳定方向发展，造成土壤松动，沙尘天气增多；水土流失，土壤盐碱化程度加剧等。

3. 开矿、修路等对荒漠生物的威胁

近年来对石油和其他矿藏的勘探和开采、对道路和城镇的建设，以及多种不同开发建设方式（破坏栖息地，阻断野生动物的迁徙路线，扰乱它们的正常生活）等对野生动植物构成威胁。

4. 水资源不合理利用造成生态混乱

由于水资源利用不合理，例如中国最长的内陆河——塔里木河流域，由于其上中游用水过量，造成下游断流，致使依赖河水补给的大面积天然林和人工林衰退枯死。结果荒漠生态系统被破坏，许多动植物濒危或灭绝，同时沙尘暴的灾害越来越严重，越来越频繁，影响范围越来越大。

（五）保护荒漠生态系统的对策措施

1. 加强法制建设，控制生物资源利用

必须严格执行现有法律法规中的有关规定，对稀有濒危的动植物严禁捕杀和挖采。对于农业开垦和采矿，要事先进行生态环境影响评价，并征收生态环境补偿费。

2. 不断增加投入，加强保护区的建设

我国荒漠地区已建立保护区30多处，但经费人员不足，机构不健全，管理松懈，应增加投入，健全机构，加强管理。有些重要的濒危物种（如沙冬青、四合木、半日花等）还没有被包括在保护区的范围之内，应建立一些辅助性的"保护点"或"保护小区"。

3. 加强生态教育，提高群众认知水平

采用报纸、杂志、电视、网络及学校教育等手段，进行荒漠生态系统的特点、价值、保护的途径和方法等的广泛宣传教育，提高决策者、管理人员和当地广大民众对保护荒漠生态系统重要意义的认识，自觉保护生态系统。

4．加强对荒漠生态系统保护科研工作

加强对荒漠生态系统中动植物种类的调查，研究动植物的习性，以便有效地保护动植物资源，以至保护整个生态系统，防止生态系统遭受破坏。还要对荒漠化的机理进行认真研究，探讨控制荒漠化的途径。

5．不断开展国际交流与合作

荒漠遍布于世界各地，许多荒漠地区的国家在保护荒漠生态系统和合理利用荒漠生物资源方面积累了丰富的知识和经验，值得我们借鉴。边境的动植物资源，是两国或多国共有，对它们的保护也只有通过国际合作才能实现。另外，国际合作有利于保护技术的提高和国际援助的取得。因此，开展国际交流与合作也是保护荒漠生态系统的一个有效途径。

四、海洋生态系统的保护

我国既是陆地大国，也是海洋大国。海洋生态环境保护关系经济安全、社会安全和生态安全，是生态文明建设和生态环境保护的重要内容。

（一）海洋生态系统的功能和效益

1．海洋孕育了生命

浩瀚的海洋是全球生命支持系统的一个基本组成部分，为生物提供了广阔的生存空间。海洋是生命的摇篮。

2．海洋为人类提供食物

海洋孕育着大量的生物。地球动物的 80％ 生活在海洋中，海洋生物种类繁多，整个地球的生物生产力，海洋占 87％。海洋为人类提供了大量的水生食物。

3．海洋为人类提供工业原料

海洋中含有丰富的矿产资源。不但在海水中有丰富的化学物质，而且在海底有丰富的矿产资源，不仅种类多，而且数量大。

当前在陆地上已发现的化学资源在海水中已发现 80 多种。海洋中的工业原料品种多、储量大，是未来主要的工业原料，合理地开发利用将会改善人类的生活。

4．海洋为人类提供动力资源

海洋可以为人类提供用之不竭的动力资源。海洋中的海浪、潮汐、海流、

海水温差及海水盐度差均蕴藏着无限巨大的能量。当前，除了盐度差能还没被开发外，其余海洋动力资源已被开发利用。

5. 海洋在预测天气、控制气候方面发挥作用

海洋和大气是相互联系的，地球上的气候受海洋状况影响。自然界的风、雨、云、台风、海浪、大洋环境主要是由海洋和大气层相互作用产生的。人们通过研究近水层大气和海洋相互作用的机理，研究海洋表面的海流和深层环流状况来预测天气。海水与大气中二氧化碳的交换起着调节大气二氧化碳含量的作用，这种动态平衡能够控制气候的转变。目前世界所排放的二氧化碳一半以上被海洋吸收，这一功能正在因全球变暖而削弱。但可以肯定，如果没有海洋，那么地球生态环境早已不适于人类生存。

6. 大海对陆地环境起到净化作用

大海几乎容纳了地球上所有的污染物。陆地的河川径流最后都要汇入大海，大海在接纳河川径流的同时，也容纳了径流运送的各种污染物。人类进行海洋大陆架地区各种资源开发、海底矿产资源开发、海洋运输等过程中都有可能造成海洋污染，另外通过大气干湿沉降也会造成海洋污染。这些污染物进入海洋中，海洋通过溶解、稀释及生物分解等各种作用和过程对污染物进行降解、转化、转移、沉积，从而净化了地球陆地环境。

（二）我国海洋资源与生态系统状况及存在问题

1. 我国海洋资源与生态系统状况

我国属于海洋大国，濒临渤海、黄海、东海、南海四大海域；跨温带、亚热带和热带三个气候带；海域面积约473万平方千米，大陆海岸线长达18000多千米，其中渤海为深入我国的一个内海，黄海、东海、南海为边缘海。其中南海面积及水深均最大。

我国近海大多是生物生产力高的水域，生物种类十分丰富，已鉴定的种类约20278种，近海渔场总面积约为281万平方千米，鱼类约3023种，占世界总数的14%，其中主要经济鱼类70多种。

我国有5000多千米的港湾海岸线，有160多个面积大于10平方千米的海湾，可供选择建设中级以上泊位的港址，深水岸段为4000多千米。

海域的石油资源量为450多亿吨，天然气资源约为14万亿立方米，在我国的浅海海底已发现20多种金属、非金属矿。

海洋能量总蕴藏量约为8亿多千瓦，大陆沿岸波浪能约7000万千瓦，南

海及台湾以东的热能可发电量约 6 亿千瓦时,盐度差能在 1.6 亿千瓦时以上。随着科学技术的发展,它将成为很有前途的能源资源。

2.我国海洋生态系统存在的问题

(1)过度捕捞 近年来,随着捕捞船只的增多,马力的增大,中国沿岸和近海渔业资源受到严重影响。特别是被称为中国四大海产鱼的大黄鱼、小黄鱼、带鱼和乌贼受到的威胁最大,它们的产量大幅度下降。许多珍稀海洋生物也遭到破坏,鲸、海龟、海牛等大量减少。

(2)海洋环境污染 海洋污染主要来自沿海地区人口城市化所带来的大量工农业废水和生活污水,还有来自大气污染物的干湿沉降,以及海底油田开采泄漏及海上运输油船漏油。据统计,我国每年约有 100 亿吨陆源污染未经处理直接排放到海洋。

海洋有机污染带来的后果就是赤潮。大量有机物和营养盐排入海洋,使水域富营养化,某些浮游植物、原生生物等在短时间内大量繁殖,从而引发赤潮。赤潮发生时,赤潮生物覆盖海面,隔绝海水与空气间的气体交换,并在自身的生长和腐化中消耗氧气,造成海洋生物窒息死亡。并且赤潮生物富集赤潮毒素,威胁人类健康。

(3)海洋工程的兴建 海洋工程是指以开发、利用、保护、恢复海洋资源为目的,并且主体位于海岸线向海一侧的新建、改建、扩建工程。

海洋工程的兴建破坏了生物生境和生态系统,使原有野生物种丧失了大面积生境。如修建水库减少入海泥沙和挖沙取沙导致海岸出现侵蚀破坏,已引起了人们的高度重视。国内许多科研单位开展了海岸保护的研究,提出了海洋生境的保护措施。

(4)过度水产养殖 各沿海城镇水产养殖业发展迅速,由于人们忽视了水域生物承载量,致使一些水域出现了超载养殖、超量投饵、滥用药物的现象,不仅导致水产品质量、产量下降,而且导致生物群落结构改变,造成养殖生物多样性下降,严重影响了生态系统的稳定性。

(5)海岸侵蚀 我国沿海由于滩涂开发等原因,出现海岸侵蚀现象。河北省秦皇岛市、山东省沿海、江苏省沿海都出现了海岸侵蚀。今后随着全球变暖、海平面上升,这一现象还会加重。

另外,我国海岸线已发生逆向迁移变化。多数沙质、泥质海岸由淤积或稳定转为侵蚀,导致岸线后退。海岸侵蚀的范围日益扩大、侵蚀速度日渐增强,对海岸资源、环境和生态,以及沿岸人民的生命财产安全和社会经济发展构成巨大威胁。

(三)保护海洋资源与生态系统的对策措施分析

1. 加强海洋意识、树立法治观念

要开发海洋，就必须在公众中加强海洋意识的宣传，树立海洋观。

海洋观的主要内容就是：海洋是全球的通道；海洋有国土公土之分；海洋有丰富的资源可以开发利用；在海洋的开发中必须遵守国际海洋公约，处理好海洋与陆地的关系、本国海域和世界大洋的关系。在海洋开发中要遵守相关法律，在其约束下进行我国海洋的开发和利用，还要进行公海地区的开发和利用。

2. 制定利于海洋开发的经济政策

为了实现建立海洋开发大国的战略设想，我国制定了各种有利于推动海洋开发的经济政策。引导一切有关行业下海，在政策和资金方面采取倾斜政策支持海洋产业发展，促进海洋开发的对外开放，加强管理，提高综合效益。

3. 确立科技兴海、可持续发展的战略方针

建立海洋开发大国必须以科技为先导，走科技兴海、可持续发展之路。中国的海洋科学技术发展要实行复合型战略，有选择地发展新技术，适当引进国外技术，支持基础研究和应用研究。国家要引导海洋科技队伍形成整体力量，重点发展为维护海洋权益、开发海洋资源、保护海洋生态环境服务的适用技术，使海洋的开发走上可持续发展的道路。

4. 积极参与国际合作

海洋生态环境保护和许多海洋开发活动都是国际性的，必须有国际合作才能顺利进行。中国是发展中国家，更应积极参与国际合作，借助国外的力量获得必要的资料，填补空白。

5. 不断完善海洋立法

开发世界大洋资源要遵守国际法律制度，开发利用本国海洋资源要有国内立法。因此，随着海洋开发程度的日益提高，要不断加强海洋立法工作，完善海洋法律体系。

五、湿地生态系统的保护

"十三五"期间，我国统筹推进湿地保护与修复，增强湿地生态功能，维护湿地生物多样性，全面提升湿地保护与修复水平。安排中央财政投入 98.7 亿元，实施湿地生态效益补偿补助、退耕还湿，湿地保护与恢复补助项目

2000 多个，全国新增湿地面积 300 多万亩。目前，全国湿地总面积超过 8 亿亩。

我国应坚持和完善湿地保护修复制度，持续提升湿地多种服务功能，全面推进湿地治理体系和治理能力现代化。其中，全力推进湿地保护立法，不断完善湿地保护修复制度建设，实施湿地保护修复工程，加强湿地监督管理，强化湿地履约和国际合作，积极探索湿地保护与合理利用的有效模式，引导人们转变生产生活方式，促进改善湿地所在地民生，提高可持续发展能力。同时，结合世界湿地日及各类重要国际会议，充分利用新媒体手段开展湿地保护宣传和科普宣教；定期举办长江、黄河、沿海湿地保护网络年会暨湿地管理培训班，提升公众保护意识，动员全社会珍爱湿地、保护湿地，共享绿意空间。

第二章

大气污染防治及案例分析

当排放到大气中的污染物超过了大气环境容量所能承受的范围时,便会造成大气环境的污染,它严重影响着人类以及动植物的生存,所以合理、有效地进行大气污染防治是至关重要的。本章除了讲解大气污染防治的基础内容,也将广州市以及郴州市的城市植被滞尘效应做了有效的分析。

第一节 大气污染概况

一、大气污染定义

国际标准化组织(ISO)做出了大气污染的定义:大气污染通常是指由于人类活动和自然过程导致某种物质进入大气中,其呈现出足够的浓度,达到了足够的时间并因此危害了人体的舒适、健康或危害了环境的现象。这里指明了造成大气污染的原因是人类的活动和自然过程。人类活动包括人类的生活活动和生产活动两个方面,而生产活动又是造成大气污染的主要原因。自然过程则包括了火山活动、山林火灾、海啸、土壤和岩石的风化以及大气圈的空气运动等内容。上述所说的原因导致一些非自然大气组分如硫氧化物、氮氧化物等进入大气,或使一些组分的含量大大超过自然大气中该组分的含量,如碳氧化物、颗粒物等。

二、大气污染来源

按人类社会活动功能划分,大气污染源可以分为工业污染源、农业污染源、交通运输污染源和生活污染源等。

工业污染源是指由火力发电、钢铁、化工和硅酸盐等工矿企业在生产过程中所排放的煤烟、粉尘及有害化合物等形成的污染源。此类污染源由于不同工矿企业的生产性质和流程工艺的不同，其所排放的污染物种类和数量大不相同，但有一个共同的特点是：排放源集中、浓度高、局地污染强度高，是城市大气污染的罪魁祸首。工业污染源主要包括燃料燃烧排放的污染物以及工艺生产过程中排放的废气（如化工厂向大气排放的具有刺激性、腐蚀性、异味和恶臭的有机和无机气体；炼焦厂排放的酚、苯、烃类和化纤厂排放的氨、二硫化碳、甲醇、丙酮等有毒有害物质）以及生产过程中排放的各类金属和非金属粉尘。

农业污染源主要是不当施用农药、化肥、有机粪肥等过程产生的有害物质挥发扩散。有些有机氯农药如 DDT，施用后在水中能在水面悬浮，并同水分子一起蒸发而进入大气；氮肥在施用后，可直接从土壤表面挥发成气体进入大气；而以有机氮或无机氮进入土壤内的氮肥，在土壤微生物作用下可转化为氮氧化物进入大气，从而增加了大气中氮氧化物的含量。此外，稻田释放的甲烷，也会对大气造成污染。

交通运输污染源是指汽车、飞机、火车和轮船等交通运输工具运行时向大气中排放的尾气。这类污染源属流动污染源，主要污染物是烟尘、碳氢化合物、金属尘埃等，是城市大气环境恶化的主要原因之一。

生活污染源是指居民日常烧饭、取暖、沐浴等活动以及燃烧化石燃料而向大气排放的烟尘、SO_2、NO_x 等污染物。同时，城市生活垃圾在堆放过程中还会产生厌氧分解排出的二次污染物。这些污染源属固定源，具有分布广、排量大、污染强度低等特点，是一些城市大气污染不可忽视的污染源。

三、城市主要空气污染物

城市是人类生产、生活的集中场所，消耗了大量的能源和资源，也产生了大量的废气，影响了大气环境质量。随着经济的不断发展，工业化程度的不断增强，人类对环境的破坏也呈现出越来越严重的趋势。迄今为止，大多数污染事故都发生在城市，降低城市的大气污染成为城市发展和环境保护治理的首要目标。

自 20 世纪 70 年代以来，中国政府加强了对环保工作的力度，颁布并采取了一些大气污染政策和措施，收到一定的效果。但从总体来看，环境污染和破坏趋势还没有完全被控制。

（一）CO、SO_2 及 CO_2 等气体

CO、SO_2 等有害气体造成的大气污染主要是人为因素引起的，而人为因素造成大气污染的污染源主要是生活污染源和工业污染源。

近年来人口激增、人类活动频繁、矿物燃料用量猛增，再加上森林植被破坏，使得大气中 CO_2 等各种气体含量不断增加，温室效应加剧，导致全球性气候变暖。影响气候变化的温室气体有二氧化碳（CO_2）、甲烷（CH_4）、氧化亚氮（N_2O）、氢氟碳化物、全氟化碳、六氟化硫。

（二）颗粒物质（PM）

颗粒物是影响我国城市空气质量的首要污染物，是 113 个大气污染防治重点城市在 2020 年全面达标的最大障碍。与 SO_2 和 NO_x 相比，颗粒物来源广、成分复杂、控制难度大。城市空气中颗粒物主要来源于土壤风沙尘、煤烟尘、施工扬尘、机动车尾气尘、垃圾焚化、混凝土制造、金属冶炼等一次污染源，也包括城市道路交通扬尘等二次污染源。

（三）其他空气污染物

除以上类型外，还有其他众多危害空气质量的污染物，例如空气中的微生物。空气微生物是城市生态系统重要的组成部分，空气中广泛分布的细菌、真菌、病毒等生物粒子不仅具有极其重要的生态系统功能，还与城市空气污染、城市环境质量和人体健康密切相关。城市空气中微生物状况是城市环境综合因素的集中体现，是评价城市空气环境质量的重要指标之一。

四、城市空气污染的危害

城市空气污染对人类、气候和植物均造成了严重危害。大气污染与人群的许多疾病，特别是呼吸系统疾病、心血管疾病、免疫系统疾病、肿瘤的患病率和死亡率密切相关。空气污染对经济损失的评估是制定环境管理政策的重要依据。空气污染全球化且日趋严重，使地球变暖、城市热岛效应加剧、酸雨蔓延，给人类带来了空前的危机。另外，空气污染还使植物产生产量下降、品质变坏等严重后果。因此，治理空气污染物、减少空气污染已刻不容缓。

大气污染对于生态环境的破坏在近年来逐渐体现出来——对臭氧层的损伤。臭氧层能够强烈地吸收太阳光中的紫外线成分，保护地球上的生物免受侵害，但大量制冷剂产生的氯氟烃气体对臭氧层形成了强大的冲击和破坏，使得大气阻挡短波光线的能力逐年减弱，对人类和其他生物造成了侵害。从工厂、发电站、汽车、家庭取暖设备向大气中排放的大量烟尘微粒，使空气变得非常浑浊，遮挡了阳光，使得到达地面的太阳辐射量减少。据观测统计，在大工业城市烟雾不散的日子里，太阳光直接照射到地面的量比没有烟雾的日子减少 40%。大气污染严重的城市，天天如此，这会导致人和动植物因缺乏阳光而生长发育不好。那么，主要的生态环境污染体现在下面几个方面。

（一）对人类健康的危害

大气污染物对人体的危害是多方面的，主要表现是呼吸道疾病与生理机能障碍，以及眼鼻等黏膜组织受到刺激而患病。

大气污染物是变应原，能在个别人身上起过敏反应，可诱发鼻炎、气喘、过敏性肺部病变。城市居民受大气污染是综合性的，一般是先污染蔬菜、鱼贝类，然后经食物链进入人体。

由此可见，空气质量的好坏对于人类健康有着十分重要的意义。

几种大气污染物对人体的危害，如表 2-1 所示。

表 2-1　几种大气污染物对人体的危害

名称	对人体的影响
二氧化硫	视程减少，流泪，眼睛有炎症。闻到后有异味，胸闷，呼吸道产生炎症，呼吸困难，肺水肿,迅速窒息死亡
硫化氢	恶臭难闻,恶心、呕吐,影响人体呼吸、血液循环、内分泌、消化和神经系统,昏迷,中毒死亡
氮氧化物	闻到后有异味,导致支气管炎、气管炎,肺水肿、肺气肿,呼吸困难,直至死亡
粉尘	伤害眼睛,视程减少,导致慢性气管炎、幼儿气喘和肺尘埃沉着症,死亡率增加,能见度降低,交通事故增多
光化学烟雾	眼睛红痛,视力减弱,头痛、胸痛、全身疼痛、麻痹,肺水肿,严重的在 1h 内死亡
碳氢化合物	皮肤和肝脏损害,致癌死亡
一氧化碳	头晕、头痛,贫血、心肌损伤,中枢神经麻痹、呼吸困难,严重的在 1h 内死亡
氟和氟化氢	强烈刺激眼睛、鼻腔和呼吸道,引起气管炎、肺水肿、氟骨症和氟牙症
氯气和氯化氢	刺激眼睛、上呼吸道,严重时引起中毒性肺水肿
铅	神经衰弱,腹部不适,便秘、贫血、记忆力低下

（二）对自然植物的危害

大气污染物，尤其是二氧化硫、氟化物等对植物的危害是十分严重的，当环境污染的程度超过了植物所能忍耐的范围后，同样会对植物产生各种危害。环境污染对植物的危害主要是污染物通过气孔和根的吸收进入植物体内，侵袭植物组织，并发生一系列生化反应，从而使植物组织遭受损坏，叶绿素被破坏，发生缺绿症、气孔关闭、叶面积变小，甚至发生畸形等多种症状，导致植物的生理机能受到影响，造成植物产量下降，品质变坏。

第二节　大气污染检测技术

一、气态污染物的测定

大气中气态污染物的种类繁多，我国现行规范要求主要的检测对象是二氧化硫、氮氧化物和一氧化碳。此外根据实际要求，可以选择性测定总碳氢化合物、氟化物、光化学氧化剂等污染物。

（一）二氧化硫的测定

大气中的含硫污染物主要有 H_2S、SO_2、SO_3、CS_2、H_2SO_4 和各种硫酸盐，主要来源于煤和石油燃料的燃烧、含硫矿石的冶炼等生产过程。二氧化硫对人体健康的主要影响是造成呼吸道疾病。作为大气污染的主要指标之一，二氧化硫在大气中广泛存在，且影响较大，因此，在硫氧化物的检测中常常以二氧化硫为代表。

二氧化硫的测定方法很多，实际工作中应根据分析目的、时间和实验室条件等因素选择合适的方法。下面主要介绍甲醛吸收-副玫瑰苯胺分光光度法（HJ 482—2009）和四氯汞盐吸收-副玫瑰苯胺分光光度法（HJ 483—2009）。

1. 甲醛吸收-副玫瑰苯胺分光光度法

该方法由于避免使用含汞的吸收液，因此毒性较低，而且灵敏度高，选择性和检出性较好。

（1）基本原理　大气中的二氧化硫被甲醛缓冲溶液吸收后，生成稳定的羟甲基磺酸加成化合物。在样品溶液中加入氢氧化钠使加成化合物分解，释放出的二氧化硫与副玫瑰苯胺、甲醛作用，生成紫红色化合物，用分光光度计在波长 577nm 处测量吸光度。

（2）注意事项　该方法测定二氧化硫含量时，容易受到大气中氮氧化物、臭氧和某些重金属元素的干扰。因此在测定过程中，可以加入氨磺酸钠溶液和环己二胺四乙酸二钠盐分别消除氮氧化物和金属离子的干扰。样品放置一段时间后臭氧即可自动分解。另外当一定量样品（10mL）中含有的金属离子量小于 50μg 时，试验测定结果受到的干扰可以忽略不计。

（3）采样分析　采用本方法采集大气中二氧化硫时，应保持吸收液温度为 23～29℃，如果采样时间较短，流速宜为 0.5L/min，当需要 24h 连续采样时，流速应当控制在 0.2L/min。

2. 四氯汞盐吸收-副玫瑰苯胺分光光度法

（1）基本原理 二氧化硫被四氯汞钾溶液吸收后，生成稳定的二氯亚硫酸盐配合物，该配合物与甲醛及盐酸副玫瑰苯胺作用，生成紫红色配合物，在575nm 处测量吸光度。

（2）采样分析 采用该方法测定大气中的二氧化硫时有三种方法：①短时间采样 用内装 5.0mL 四氯汞钾吸收液的多孔玻板吸收管，以 0.5L/min 流量采气 10～30L，吸收液温度保持在 10～16℃的范围。②连续 24h 采样 用内装 50mL 四氯汞钾吸收液的多孔玻板吸收管，以 0.2L/min 流量采气 288L。吸收液温度保持在 10～16℃的范围。③现场空白 将装有吸收液的采样管带到采样现场，除了不采气之外，其他环境条件与样品相同。

取 8 支具塞比色管，配制标准系列。各管中加入 0.50mL 氨基磺酸铵溶液，摇匀。再加入 0.50mL 甲醛溶液及 1.50mL 副玫瑰苯胺溶液，摇匀。当室温为 15～20℃，显色 30min；室温为 20～25℃，显色 20min；室温为 25～30℃，显色 15min。用 10mm 比色皿，在波长 575nm 处，以水为参比测量吸光度。以空白校正后各管的吸光度为纵坐标，以二氧化硫的质量浓度为横坐标，用最小二乘法建立标准曲线的回归方程。

空气中二氧化硫的质量浓度为：

$$\rho(\mathrm{SO_2}) = \frac{(A - A_0 - a)}{b \times V_r} \times \frac{V_t}{V_a}$$ (2-1)

式中 $\rho(\mathrm{SO_2})$——空气中二氧化硫的质量浓度，mg/m³；

A——样品溶液的吸光度；

A_0——试剂空白溶液的吸光度；

b——标准曲线的斜率；

a——标准曲线的截距，吸光度/μg；

V_t——样品溶液的总体积，mL；

V_a——测定时所取样品溶液体积，mL；

V_r——换算成参比状态下（101.325kPa，273K）的采样体积，L。

计算结果准确到小数点后三位。

（3）注意事项

① 样品中若有混浊物，应离心分离除去：样品放置 20min，以使臭氧分解。

② 将吸收管中的样品溶液全部移入比色管中，用少量水洗涤吸收管，并入比色管中，使总体积为 5mL，加 0.50mL 氨基磺酸铵溶液，摇匀，放置10min 以除去氮氧化物的干扰。

(二)氮氧化物的测定

大气中的氮氧化物包括 N_2O、NO、NO_2、N_2O_3 的氧化物和亚硝酸、硝酸等气溶胶，主要来源于硝酸工业、硫酸工业、硝化工业等生产过程和汽车尾气排放。大部分氮氧化物容易分解，因此大部分氧化物为 NO_2 和 NO。大气中的 NO_2 和 NO 毒性大，可直接危害人类和动植物，也可经光化学反应，产生光化学烟雾，造成危害更大的二次污染。

氮氧化物的测定主要有盐酸萘乙二胺分光光度法和化学发光法。

1. 盐酸萘乙二胺分光光度法

(1)基本原理 气体经收集并氧化后，与由对氨基苯磺酸和盐酸萘乙二胺配成的显色剂发生显色反应，颜色的深浅与溶液中 NO_2 的浓度成正比。液体样品经分光光度计测定吸光度后，可以计算出大气中氮氧化物的含量。

(2)采样分析 NO 不与显色剂发生反应，试验过程中，可以制备两份相同样品，一份样品通过三氧化铬-砂子氧化管将 NO 氧化为 NO_2，然后通过吸收液显色；另一份直接通入吸收液显色，两份试样测试出来的氮氧化物浓度差就是 NO 的含量。

采用此方法测定大气中 NO_2 时，由于 NO 不能完全转化为 NO_2，在计算过程中，应用转化系数 0.76 加以修正。

综合考虑上述原因，使用分光光度计在 540nm 处测定标准溶液、样品溶液和空白溶液的吸光度，根据下式计算出气体中一氧化氮的含量：

$$C = \frac{(\alpha - \alpha_0)V_s}{V_r V_s' \times 0.76} \tag{2-2}$$

式中 α——吸收液中 NO_2 的含量，μg；

α_0——空白液中 NO_2 的含量，μg；

V_s——水样体积，mL；

V_s'——测定用的水样体积，mL；

V_r——参比状态下的气样体积，L；

0.76——转化系数。

(3)注意事项 显色剂配制过程中，没有受到 NO_2 污染时溶液无色，否则显微红色，当受到污染时应重新配制显色剂。另外。在采样、运送和保存中应采取避光措施，以避免光照对显色反应的影响。

2. 化学发光法

化学发光法的测定原理是利用 NO 和臭氧反应，生成激发态的氮氧化物

（NO$_2^*$），NO$_2^*$ 极不稳定，很快恢复至基态 NO$_2$，此过程中出现发光现象，而光线强度与 NO 浓度成正比。该方法测试样品的灵敏度高，选择性好，且可以连续自动检测。

试验过程中，直接应用此法可以测出气样中 NO 含量，如果将气样通过装有碳钼等催化剂的装置，可以将 NO$_2$ 还原为 NO，然后再与臭氧反应，可以测出大气中全部氮氧化物含量。因此，在适当条件下，可以测出气样中 NO、NO$_2$ 或者全部氮氧化物的含量。

二、颗粒污染物的测定

大气颗粒物包括总悬浮颗粒物、降尘和飘尘。总悬浮颗粒物含量是大气质量的一个重要指标；降尘是生态环境，特别是农业生态环境的主要污染物之一；飘尘（可吸入颗粒）是居住区大气有害物质的重要限制对象。大气环境除颗粒物的浓度影响外，它的化学成分造成的危害，也不可忽视。因此，大气检测中，测定总悬浮颗粒物、自然沉降颗粒物（降尘）、可吸入颗粒物（飘尘）及其所含的有害成分是有重要意义的。

（一）总悬浮颗粒物的测定

总悬浮颗粒物（TSP）是指悬浮在空气中，空气动力学直径小于等于 $100\mu m$ 的颗粒物。总悬浮颗粒物可分为一次颗粒物和二次颗粒物。一次颗粒物是由天然污染源和人为污染源释放到大气中直接造成污染的物质，如风扬起的灰尘、燃烧和工业烟尘。二次颗粒物是通过某些大气化学过程所产生的微粒，如二氧化硫转化为硫酸盐。

1. 总悬浮颗粒物的测定原理

通过具有一定切割特性的采样器，以恒速抽取定量体积的空气，使环境空气中的总悬浮颗粒物被截留在已知质量的滤膜上，根据采样前后滤膜的重量差和采样体积，计算总悬浮颗粒物的浓度。

2. 测定步骤

（1）准备滤膜

① 在过滤器上安装滤膜之前，用 X 射线看片机检测每张滤膜是否有针孔或缺陷。若滤膜上不存在针孔或缺陷，则在滤膜光滑表面以及相应的滤膜袋上打印相同的编号，否则弃用滤膜。

② 将滤膜放在恒温恒湿设备（室）中平衡至少 24h 后称量。平衡条件为：温度取 15～30℃中任何一点（一般设置为 20℃），相对湿度控制在（50%±

5%）范围内。

③ 滤膜平衡后用分析天平对滤膜进行称量，每张滤膜称量两次，两次称量间隔至少 1h。当天平实际分度值为 0.0001g 时，两次重量之差小于 1mg；当天平实际分度值为 0.00001g 时，两次重量之差小于 0.1mg；以两次称量结果的平均值作为滤膜称量值。当两次称量之差超出以上范围时，可将相应滤膜再平衡至少 24h 后重新称量两次，若两次称量偏差仍超过以上范围，则该滤膜作废。记录滤膜的质量和编号等信息。

④ 滤膜称量后，将滤膜平放至滤膜袋/盒中，不得将滤膜弯曲或折叠，待采样。

（2）样品采集

① 用洁净的干布擦去采样针、滤膜夹上的灰尘。

② 将已编号的滤膜毛面向上放在滤膜网托上，然后放滤膜夹，使其不漏气。按采样器使用说明操作，记录采样时间，开始采样。

③ 记录采样期间现场平均环境湿度与平均大气压。

④ 采样结束后，打开采样头，用镊子取下滤膜，毛面向里对折滤膜，放入编号相同的滤膜袋内。如若发现滤膜损坏，或滤膜上尘的边缘轮廓不清晰，滤膜安装歪斜等，表示采样时漏气，应重新采样。

（3）滤膜称量

① 尘膜放在恒温恒湿箱内，用与空白滤膜平衡条件相同的温度、湿度，平衡 24h。

② 滤膜称重，大流量采样器精确至 1.0mg，小流量采样器精确至 0.1mg。

③ TSP 含量测定。TSP 含量测定可用大流量采样法（70～100m³/h，滤膜直径 200mm）或者低流量（7～10m³/h，滤膜直径 80mm）。按下式计算TSP 浓度（mg/m³）：

$$TSP = \frac{W}{Q_n t} \tag{2-3}$$

式中　W——阻留在滤膜上的 TSP 质量，mg；

　　　Q_n——标准状态下的采样流量，m³/min；

　　　t——采样时间，min。

3. 总悬浮颗粒物中组分分析

总悬浮颗粒物中含有铍、铬、铁、铅、铜、锌、镉、镍、钴、锰、砷、硫酸盐、硝酸盐、氯化物等，它们多以气溶胶形式存在。其测定方法分为需要样品预处理和不需要样品预处理两大类。由于不需要样品预处理的测定方法仪器昂贵，所以样品经预处理后再测量的方法应用广泛。

目前常用的样品预处理方法包括酸式分解法、干式灰化法和水浸取法。它们分别在酸（盐酸、硝酸、硫酸、磷酸、高氯酸等）、高温（$400\sim800℃$）和盐（硫酸盐、硝酸盐、氯化物）等环境下消解样品，进而确定颗粒物中的元素。

(二) 可吸入颗粒物的测定

可吸入颗粒物（IP），指粒径小于 $10\mu m$ 的颗粒物，又称为飘尘。它易被吸入人体，引起中毒致癌、恶化视力并影响动植物生长。测定飘尘的方法有质量法、压电晶体振荡法、β 射线吸收法等。

1. 质量法

根据采样流量不同，分为大流量采样质量法和小流量采样质量法。

大流量法是使一定量的空气通过带有入口分级切割器的方法。该采样器将粒径大于 $10\mu m$ 的颗粒物分离出去，而小于 $10\mu m$ 的颗粒物被收集在预先恒重的滤膜上，根据采样前后滤膜质量之差及采样体积，即可计算出颗粒物的浓度。

小流量法使用的是小流量采样器，使一定体积的空气通过具有分离和捕集装置的采样器，将大粒径的颗粒物阻留在撞击挡板的入门挡板内，飘尘则通过入口挡板被捕集在预先恒重的玻璃纤维滤膜上，根据采样前后的滤膜质量及采样体积计算飘尘的质量浓度，用 mg/m^3 表示。

2. 压电晶体振荡法

这种方法是以石英振荡器为测定飘尘的传感器。气体中颗粒首先经过粒子切割器，使小于 $10\mu m$ 的飘尘进入测量气室。进样前后石英振荡器的振荡频率发生变化，并且变化量与振荡器上集尘量成正比关系。据此，我们可以通过测量振荡器频率的变化来间接得到飘尘浓度。

3. β 射线吸收法

该方法的测量原理是 β 射线通过特定物质后，其强度衰弱程度仅与所透过的物质质量有关，而与物质的物理、化学性质无关。由此，可以通过测定清洁滤袋和采尘滤袋对 β 射线吸收程度的差异来测定积尘量，并根据气体样品体积进而得知大气中含尘浓度。

三、固定污染源样品采集与监测

大气污染源可以分为固定污染源和流动污染源两种。前者指工业生产和居民生活所用的烟道、烟囱及排气筒等，它们排放的废气包括烟尘、粉尘、气态和气溶胶态物质。后者指柴油机、汽车等交通运输工具排放的废气，包括烟尘和有害气体。

（一）固定污染源样品的采集

采样位置首先应便于工作人员采样，不应对工作人员造成危害；其次，采样点应选择垂直管段，避免选择管道变径、阀门、弯头的部位。气体在管道中混合均匀，采样较为方便，但是应避开漩涡区；颗粒物采样时应在下游不小于6倍管径，在上游不小于3倍管径的地方。因此，采样点的位置和数目应考虑烟道的走向、形状、截面积大小等，并根据《固定污染源排气中颗粒物测定与气态污染物采样方法》（GB/T 16157—1996）中规定的固定污染源中颗粒物的采样、测定、计算方法和固定污染源中气体污染物的采样方法进行固定污染源样品的采集。

（二）固定污染源的监测

1. 基本状态参数的测定

烟气的基本状态参数包括温度、压力、流速和含湿量，它们是计算烟尘、烟气中有害物质浓度的依据。

（1）温度　测量烟道温度的仪器有热电偶、电阻和玻璃温度计。当测量温度不高时可以使用玻璃温度计，热电偶温度计可以测量800～1600℃的烟气。测量时应将温度计放于管道中间，待温度稳定后读数。

（2）压力　烟道压力分为全压、静压和动压，分别表示管道气体流动时的总能量、势能和动能，总能量为势能和动能之和。烟气压力可由测压管和压力计测量得到。

（3）烟气流速　烟气流速与烟气温度和压力相关，根据采样点的动压、静压和温度等参数，可以计算得到管道烟气流速。

（4）烟气量　烟气量指烟气流量管道单位有效截面的烟气通过量，由采样点管道截面面积乘以烟气流速得到。

（5）含湿量　烟气含湿量指湿空气中，与1kg干空气同时并存的水蒸气量。烟气中水分常用的测定方法包括冷凝法、重量法和干湿球法。试验过程中可以根据不同的测定对象选择测定方法。

2. 烟气组分的测定

烟气组分分析的主要任务是监测气体的组成和有害气体的含量。主要的气体组分包括碳、氮、氧等。测定这些组分可以考察燃料燃烧的情况和为烟尘测定提供烟气气体常数。有害组分包括一氧化碳、氮氧化物、硫氧化物和硫化氢等。

（1）烟气样品的采集　由于气态物质分子质量极轻且在烟道内分布较为均匀，因此采样时不需要多点采样和等速采样，只需要在烟道中心任意点采集代表性气样。

由于烟道中气体温度极高，并且烟尘和有害气体浓度大，容易腐蚀采样器，所以采样管宜采用不锈钢材料并做加热或保温处理，以减轻管道腐蚀和防止由水蒸气冷凝引起的组分损失，并且采样管头部应装有烟尘过滤器。

（2）烟气组分的测定　测定烟尘中有害组分时，先用烟尘采集装置将烟尘捕集在滤筒上，再用适当的预处理方法将被测组分浸取出来制备成溶液以供测定。常用的浸取方法包括酸浸、水浸和有机溶剂浸取。例如铅、铍采用酸浸取，硫酸雾和铬酸雾采用水浸取，沥青烟采用有机溶剂浸取。常见的有害组分分析测定方法，如表 2-2 所示。

表 2-2　有害组分分析测定方法

组分	测定方法
一氧化碳	红外线气体分析法、奥氏气体分析器吸收法
二氧化硫	碘量法、甲醛吸收-副玫瑰苯胺分光光度法
氮氧化物	中和滴定法、二磺酸酚分光光度法、盐酸萘乙二胺分光光度法
硫化氢	亚甲基蓝分光光度法、碘量法
二硫化碳	碘量法、乙二胺分光光度法
氟化物	蒸馏-硝酸钍容量法、离子选择电极法
有机硫化物	气相色谱法

第三节　大气污染防治措施

一、减少污染物排放量

（一）采取合理的能源政策

目前，最主要的能源是煤、石油、天然气等传统能源。能源的消耗是造成大气污染的主要因素，能源利用方式的改变将直接影响大气污染物的排放，进而影响到大气环境的质量。

1. 大力度使用新能源

传统能源都是不可再生的，因此人们已经开始探索新能源。我国正在开发使用的新能源主要有太阳能、风能、地热、潮汐能和沼气等。新能源的最大优点是比较清洁，对大气环境不污染或污染较轻，且又可再生。目前太阳能、风能和沼气等新能源在我国已进入实施阶段。从改善大气环境质量角度来看，使用新能源将是我国今后长远发展的方向。

2. 改变现有燃料构成

目前使用的传统能源中，燃煤污染是最重的。从平均状态来看，每吨煤的燃烧，将排放出粉尘 6～11kg。与煤炭相比，液体燃料和气体燃料是污染比较低的燃料。以排尘为例，实验表明，一吨石油燃烧产生的粉尘只有 0.1kg 左右。气体燃烧产生的粉尘量更少。以气体燃料和液体燃料来代替燃煤，在燃烧中选用低灰、低硫、低挥发分的煤，是控制大气污染、保护环境的重要途径。

3. 改变煤的燃烧方式

从能源构成来看，我国仍然是以燃煤为主。预计在今后较长时期内，我国不会改变以燃煤为主的能源构成。因此，我们当务之急是改变燃烧方式，以降低燃烧过程中排放的大气污染物。

煤燃烧热效率及污染物产生量，除了与燃烧设备的性能和操作过程有关外，还与煤的成分和性质密切相关。为了节约燃煤、减少污染物的排放，应避免直接燃烧原煤。通过将煤炭气化、液化或制成型煤，改变煤的燃烧方式来达到保护环境的目的，是又一条控制大气污染的途径。

（二）集中供热

所谓集中供热，就是将分散的锅炉以及可以利用的燃烧装置集中起来，代替分散供热的状态。

集中供热可以在两个方面有效地控制大气污染。

① 可以充分利用燃烧新技术和消烟除尘新技术，提高热效率，大量减少燃煤量，节约能源，减少大气污染物的排放，且有利于管理、运输，减少煤灰的二次扬尘。

② 可以提高集中供热锅炉排放烟囱的高度，代替数量众多的低排放烟囱，充分利用区域大气环境自净能力，减少低空污染物浓度。

（三）实施清洁生产

环境污染，实质上是资源的不合理利用或浪费造成的，生产工艺路线不合理是造成环境污染的重要原因。因此，改革工艺、研究开发无污染或少污染的清洁生产工艺，是减轻环境污染的根本措施。清洁生产是指以节能、降低物耗、减少污染为目标，以管理、技术为手段，实施工业生产全过程控制污染，使污染物的产生量、排放量最小化的一种综合性措施。其目的是提高污染防治效果，降低污染治理费用，消除或减少工业生产对人类健康和环境的影响。

清洁生产是与传统的以末端治理为主的污染防治战略完全不同的新概念。实施清洁生产，尽量把污染物消灭在生产过程中，可以大大减少污染物的排放量，避免末端治理可能产生的风险，以减少物耗和能耗。

(四)控制移动源的排放

随着我国经济的发展，机动车拥有量迅速增加，在对固定源污染进行严格治理的基础上，城市大气环境污染有可能从以煤烟型为主，逐步过渡到以氮氧化物为主的机动车燃油氧化型污染，因此必须采取措施加强对机动车污染的控制。具体措施包括：严格制定用车污染排放标准及新车污染排放管理办法，促使新出厂轻型汽油车采用电喷装置、安装三元催化净化装置；重型汽油货车采用废气再循环、氧化催化器；重型柴油车采用电控柴油喷射、增压中冷等手段控制污染排放；对于公共汽车、出租车可采用集中强化的检测与维护制度，并配合安装三元催化净化装置；对于污染排放严重的车辆要进行淘汰；气象条件恶劣时应限制车辆的出行量等。以此大幅降低机动车排放的污染，改善城市大气环境质量。

二、充分利用大气自净能力

污染物在大气环境中因发生稀释扩散、沉降和衰减现象，而使大气中污染物浓度降低的能力称为大气自净能力。大气自净能力与当地的气象条件、功能区的划分以及污染城市布局等因素有关。充分利用大气自净能力可以减少污染物的削减，降低治理成本。利用大气自净能力的方法有污染源的合理布局、城市功能区的合理划分及增加烟囱高度等。

(一)大气污染源合理布局

为了避免对城镇生活居民区造成影响，大气污染源的布局应该是使有烟尘和废气污染的工业区，尽量布置在远离对大气环境质量要求较高的居民区。怎样对大气污染源进行布局，才能使污染源对居民区产生的污染影响最小，是编制环境规划时应重点解决的问题。

（二）合理布置城市功能区

一个城市按其主要功能可分为商业区、居民区、工业区和文教区等。如何安排这些功能区，特别是工业布局，将直接影响人们的生活和工作环境。考虑风向和风速对大气环境质量的影响，对于工业较集中的大中城市，用地规模较大、对空气有轻度污染的工业（如电子工业、纺织工业等），可布置在城市边缘或近郊区；污染严重的大型企业（如冶金、化工、火电站和水泥厂等），布置在城市远郊区，并设置在污染系数最小的上风向。

在进行工业布局时，还应该注意各企业的合理布设，使其有利于生产协作和环境保护。

三、植物绿化

绿色植物除具有美化环境，调节空气温度、湿度及城市小气候等功能外，还是吸收二氧化碳制造氧气的"工厂"，并具有吸收有害气体、粉尘，以及杀菌、降低噪声和监测空气污染等多种作用。因此，大力开展植树、种草，对改善大气环境质量有着十分重要的意义。

（一）植物净化

植物能减少大气中污染物的主要作用有两方面：一是降低大气中污染物的浓度，二是防尘作用。若城市存在大片的植被，会由于增大了地表的粗糙度，加强了地表层的湍流强度，使空气中的大粒子下降增大，或因碰撞而降落；植物叶子的表面粗糙不平、多绒毛及有些植物还能分泌油脂和黏性汁液，对于比较小的粒子来说，植物起到很强的滞留或吸附作用。草地和灌木植物生长茂盛时，其叶面积总和可比其占地面积大 22～30 倍，对污染物的阻挡、滞留和吸附作用相当明显，起到明显的净化空气作用。

研究表明，1 公顷的林木可以有相当于 75 公顷的叶面积，其吸附烟灰尘埃的能力相当大。就吸收有毒气体而言，阔叶林强于针叶林，而落叶阔叶林一般又比常绿阔叶林强，垂柳、二球悬铃木、夹竹桃等对二氧化硫有较强的吸收能力。泡桐、梧桐等城市绿化树不仅可以净化大气，还可以调节温度、湿度，调节城市的小气候。在大片绿化带与非绿地之间，因温度差异，在天气晴放时可以形成局地环流，有利于大气污染物的扩散。

另外，由于植被的增加大大减少了裸露的地表，可以直接防止风沙扬尘的产生。对于我国煤烟型污染的城市，尤其是北方城市而言，增加城市植被面积，是减少风沙扬尘，改善大气环境质量的重要措施。

一般认为绿地覆盖率必须达到 30% 以上，才能起到改善大气环境质量的作用。世界上许多国家的城市都比较重视城市绿化，公共绿地面积保持较高的指标。因此，要发挥绿地改善环境的作用，就必须保证城市拥有足够的绿地面积。在大气中污染物影响范围广、浓度比较低的情况下，保证城市拥有足够的绿地面积，进行植物净化是行之有效的方法。

（二）合理设置绿化隔离带

城市中为了减少工业区对居民区的大气污染，在工业区和居民区之间隔开一定的距离，并布置绿化隔离带，具有十分重要的意义。绿化隔离带的距离应根据当地的气象、地形条件、环境质量要求、有害物质的危害程度、污染源排放的强度及治理的状况，通过扩散公式或风洞试验来确定。一般情况下污染源高烟囱排放时，强污染带主要位于烟囱有效高度的 10～20 倍的地区，在此设置绿化隔离带，对阻挡、滞留和吸附污染物相当有效。

对于工业区内部，因为存在污染源跑、冒、漏的现象，在工厂车间周围不宜种植高大密集的树木，应种植低矮的植物，有利于有害气体的迅速扩散，不至于因大量聚集而危害工人身体健康。

第四节　大气污染中的植被滞尘效应案例分析

植被在城市生态环境系统中扮演重要的角色，是环境建设的主体，在一定范围内对大气颗粒物有良好的净化作用。本节以广州市和郴州市的不同功能区主要的绿化树种作为主要研究对象，在城市绿化树种的选择、配置及植被滞尘效应评价等方面提供合理的理论依据，对城市的绿化建设和发展具有重要意义。

一、研究区概况

（一）广州市研究区概况

广州市地处中国大陆南方，广东省中南部，珠江三角洲的北缘，接近珠江流域下游入海口，处于粤中低山与珠江三角洲之间的过渡地带。地理坐标为东经 $112°57'$～$114°3'$，北纬 $22°26'$～$23°56'$。境内雨量充沛，雨季明显，平均年降水量 1923mm，其中 4～9 月为雨季，降水量占全年降水量的 80% 以上。呈现明显的季风气候，冬季天气干燥，夏季天气温热潮湿。

1. 广州城市植被概况

广州市的植被以热带、亚热带类型为主，种类丰富。由于地处南亚热带，水热资源充裕，使土壤及生物具有亚热带向热带过渡的特征。地带性植被为南亚热带季风常绿阔叶林，但天然林已极少，山地丘陵的森林都是次生林和人工林。在南亚热带季风气候条件下，广州市植被的组成种类丰富。地带性植被的代表类型为南亚热带季风常绿阔叶林，广州市的植被类型可分为自然植被和人工植被两大类。自然植被多以针叶林、阔叶林和草丛为主；人工植被类型多样，包括人工林、农作物群落和园林绿化植物。

2. 广州市基本情况分析

（1）广州市的工业发展 广州市工业以传统产业、重工业、电器生产为优势，尤其汽车和钢铁重工业占主导地位。

广州市是我国南方污染较严重的城市之一，也是最典型的与周边发生显著相互作用的城市之一。广州市大气污染由 SO_2 和大气颗粒物污染为主转变为以 SO_2、NO_x 和 TSP 污染为主。

广州市有较多的小型发电机组，其能耗高，效率低，污染严重。控制和治理机动车尾气污染也已成为广州市改善城区空气质量的重点之一。

能源终端消耗量很大的是电力、石油制品和煤。煤消耗量较大的是发电行业和化工、石化、造纸等。石油制品消耗较大的是交通运输、发电行业和其它工业。电力消耗较大的为有色金属、石油、煤炭开采，以及化工、冶金等。

（2）广州市大气环境质量状况 2022 年广州市环境空气综合指数为 3.38，同比下降 5.6%，空气质量同比改善；$PM_{2.5}$ 年均值为 $22\mu g/m^3$，同比下降 8.3%；PM_{10} 年均值为 $39\mu g/m^3$，同比下降 15.2%；二氧化氮年均值为 $29\mu g/m^3$，同比下降 14.7%；二氧化硫年均值为 $6\mu g/m^3$，同比下降 25.0%；臭氧第 90 百分位浓度为 $179\mu g/m^3$，同比上升 11.9%；一氧化碳第 95 百分位浓度为 $1.0mg/m^3$，同比持平。全年环境空气质量达标 306 天，达标天数比例 83.8%，未出现重度及以上污染。2013～2022 年，广州市 $PM_{2.5}$ 年平均浓度呈下降趋势，2022 年平均浓度比 2013 年下降 58.5%。

（二）郴州市研究区概况

1. 郴州市研究区概况

郴州市位于湖南省南部，地理坐标为东经 112°13′～114°14′，北纬 24°53′～26°50′，海拔 200～400m，以山地为主，岗地、水面较少，年平均降雨量 1524mm，属中亚热带季风湿润气候，土地总面积为 $19387km^2$。郴州市是著名的有色金属之乡，现已经发现的矿种达一百一十种，探明储量的七类七十多种，潜在价值达 2600 多亿元。有世界罕见的柿竹园多金属矿、玛瑙山锰矿等。截至 2021 年，郴州市区 $4900hm^2$ 建成区的用地范围已建成绿地面积共 $1803.4hm^2$，其中公园绿地面积为 $507.4hm^2$，人均绿地面积为 $10.57m^2$。城市建成区绿地率为 38.86%，市区已有 6 个综合性公园，4 个专类公园，7 个带状公园。道路绿化建设与单位附属绿地建设飞速发展。

2. 郴州市基础情况分析

（1）郴州市机动车数量　郴州市机动车数量增长迅速，2019 年民用汽车保有量 50.5 万辆，与 2018 年相比增长 11.9%。其中，私人汽车保有量 47.3 万辆，增长 12.5%，私人轿车保有量 25.8 万辆，增长 11.4%。

机动车排放的污染物主要为 NO_x、CO_2、CO、碳氢化合物及重金属颗粒等。

（2）郴州市大气环境质量现状　2022 年 1~12 月，全市 11 个县市（区）环境空气质量平均优良天数比例为 92.7%，各县市（区）轻度污染天数合计为 291 天，中度污染天数合计为 3 天，无重度污染及以上天气。1~12 月，市城区优良天数为 325 天，优良天数比例为 89.0%，与上年同期相比下降 8.8%；市城区环境空气中 SO_2、NO_2、$PM_{2.5}$、PM_{10} 的浓度均值分别为 9、20、26、$40\mu g/m^3$，CO 的日均值第 95 百分位浓度均值为 $0.9mg/m^3$，O_3 的日最大 8h 平均第 90 百分位浓度均值为 $156\mu g/m^3$。主要污染物中，SO_2 与上年同期相持平、O_3 与上年同期相比上升 26.8%，CO、$PM_{2.5}$、NO_2 和 PM_{10} 与上年同期相比分别下降 18.2%、7.1%、4.8%、2.4%。1~12 月，全市 9 个县（市）环境空气质量平均优良天数比例为 93.6%，各县（市）轻度污染天数合计为 210 天，中度污染天数合计为 1 天，无重度污染及以上天气。

二、主要绿化树种的滞尘能力

（一）不同城市的绿化树种滞尘能力比较

1. 广州市主要绿化树种滞尘能力

（1）主要绿化树种叶面滞尘量研究　植物的滞尘能力是指单位叶面积单位时间中滞留粉尘的量。本试验对广州城市主要交通干道绿化树种 26 天的滞尘量进行测定，比较不同绿化树种滞尘能力大小。

按单位面积滞尘量分析，物种间最大滞尘量存在显著差异，范围在 0.066~

1.831g/(m² · d₂₆)，如表 2-3 所示，其中滞尘量最大的杧果为 1.831g/(m² · d₂₆)，重阳木其次，为 1.789g/(m² · d₂₆)，高山榕居三，为 1.707g/(m² · d₂₆)，滞尘量最小的桃花心木为 0.066g/(m² · d₂₆)，最大值为最小值的 27.74 倍；其中灌木树种中，滞尘能力依次为灰莉＞朱槿＞鹅掌藤。

表 2-3　广州市主要绿化树种的滞尘量比较

物种	单位面积滞尘量/[g/(m² · d₂₆)]	单叶面积滞尘量/g	干重滞尘量/(g/g)
杧果	1.831(1)	0.0088(6)	0.0208(5)
重阳木	1.789(2)	0.0020(11)	0.0258(2)
高山榕	1.707(3)	0.0119(3)	0.0136(11)
垂叶榕	1.616(4)	0.0010(16)	0.0220(4)
海南红豆	1.451(5)	0.0018(13)	0.0267(1)
小叶榄仁	1.401(6)	0.0029(10)	0.0197(7)
细叶榕	1.202(7)	0.0004(17)	0.0109(12)
灰莉	1.147(8)	0.0035(9)	0.0075(14)
大叶榕	1.083(9)	0.0019(12)	0.0198(6)
木棉	1.050(10)	0.0091(5)	0.0149(9)
盆架树	0.968(11)	0.0060(8)	0.0223(3)
朱槿	0.778(12)	0.0016(15)	0.0146(10)
二乔玉兰	0.767(13)	0.0094(4)	0.0073(15)
麻楝	0.720(14)	0.0002(18)	0.0196(8)
红花羊蹄甲	0.529(15)	0.0491(1)	0.0100(13)
大花紫薇	0.512(16)	0.0134(2)	0.0050(16)
鹅掌藤	0.284(17)	0.0017(14)	0.0025(17)
桃花心木	0.066(18)	0.0075(7)	0.0007(18)

注：括号中的数字为滞尘能力排序（从大到小）。

植物叶片的滞尘能力受叶片表面结构形态、质地、类型及叶面积的影响。在植物叶面滞尘量的研究中，除了用单位叶面积滞尘量表述植物滞尘量外，也有用单叶面积滞尘量和干重滞尘量来表述的。本研究结果表明，单叶面积滞尘量最大的树种为红花羊蹄甲（0.0491g），干重滞尘量最大的树种为海南红豆（0.0267g/g）。由于不同树种的叶片有大小之分，当植物单个叶片面积较大时，其单叶面积滞尘量就占优势；而干重滞尘量主要受叶片厚薄的影响。红花羊蹄甲的单叶面积较大，所以其单叶面积滞尘量大，但其单位面积的滞尘量和干重滞尘量却很小。在本研究中，海南红豆的干重滞尘量最大是因为其叶片较薄，而高山榕和大花紫薇的叶片较厚，其干重滞尘量较小。因为树木的总叶面积大小同时受单个叶片面积和叶片数量的影响，植物的单叶面积较大，并不意味其总叶面积也大。此外，由于叶片有厚薄之分，同样重量的叶片其叶面积往往不同。从本研究的结果看，单位面积滞尘量与单叶面积滞尘量及干重滞尘量并不一致。因为叶表面积是影响植物滞尘量的一个最重要的直接因素，所以单位面积滞尘量是反映不同树种滞尘能力最合理的指标。

(2) 植物叶面微结构与滞尘的关系　植物滞尘有两个方面的原因：一是树冠具有降低风速的作用，由于风速的降低，空气中的部分颗粒物逐渐沉降；二是由于树木的枝、叶具有一定的表面积，且其粗糙的表面生有绒毛或可分泌黏性液体并易于黏附灰尘。植物滞尘能力的大小受树冠的高低、叶片大小、叶片着生角度、叶片表面的粗糙度及叶片表面的润湿程度等因素的制约。蒙尘的植株经大雨的冲洗，便可恢复吸尘能力，因此树木是空气的天然过滤器。

植物对灰尘阻滞能力的差异同植物的形态结构和生物学特性（如叶片形态结构及叶面的润湿度）有关。一般而言，滞尘能力强的植物具有叶片宽大、平展、硬挺而迎风不易抖动，叶面粗糙、有油脂分泌等特征，而叶面光滑的植物滞尘能力弱。本研究根据树种滞尘量的研究结果，选择了滞尘量差异明显的13个树种，主要从气孔特征来分析，探讨叶面气孔与滞尘量之间的关系。

① 叶面气孔特征及密度　狭义上气孔是保卫细胞之间形成的凸透镜状的小孔，在细胞生物学上两个保卫细胞及其围绕形成的开口（孔）一起称为气孔。气孔的数目及其分布状态因植物种类的不同而有区别。气孔在表皮上的位置，可以反映植物受客观生境条件的影响，有的与表皮细胞位于同一水平上，有的突出于表皮，有的凹陷在表皮之下。

分别选出滞尘能力较强的树种（杧果、重阳木和高山榕），滞尘能力一般的树种（小叶榄仁、细叶榕、大叶榕、木棉和朱槿），及滞尘能力较弱的树种（麻楝、红花羊蹄甲、大花紫薇、鹅掌藤和桃花心木），对其叶片样品进行电镜扫描。结果表明，所测13个树种的叶表面气孔可分为圆形（杧果和高山榕）、长圆形（重阳木、大叶榕、木棉、麻楝）、卵圆形（小叶榄仁、细叶榕和鹅掌藤）和无规则形态（大花紫薇、红花羊蹄甲和桃花心木）。气孔密度在1~232个/视野400倍范围内，其中红花羊蹄甲的密度最大为232个，大叶榕（89个）、桃花心木（76个）、杧果（51个）次之，朱槿的气孔密度最小，仅为1个（表2-4）。

表 2-4　十三种绿化植物叶面气孔特征

物种	气孔形态	气孔密度/(个/400 倍视野)
(1)杧果	圆形	51
(2)重阳木	长圆形	21
(3)高山榕	圆形	19
(6)小叶榄仁	卵圆形	5①
(7)细叶榕	卵圆形	17
(9)大叶榕	长圆形	89
(10)木棉	长圆形	15
(12)朱槿	圆形	1
(14)麻楝	长圆形	35
(15)红花羊蹄甲	无规则	232
(16)大花紫薇	无规则	19
(17)鹅掌藤	卵圆形	18
(18)桃花心木	无规则	76

① 表示在 1000 倍视野下。

注：括号中为单位叶面积滞尘量顺序。

② 不同树种叶表面结构与滞尘量的关系　杧果细胞突起形成一个网格结构，在网格内布满气孔，无表皮纤毛，如图 2-1(1) 所示；重阳木表皮保卫细胞突起，且拱盖在气孔口上，如图 2-1(2) 所示；细叶榕表皮趋于平滑，角质膜呈浅波浪状凸起，无表皮毛和腺体，气孔凹陷于角质层之下，角质层拱盖突起完全包围气孔，呈亮白色近圆形并略高于相邻的角质膜，拱盖内外缘平滑，如图 2-1(3) 所示；大叶榕表皮呈现较浅的网状纹饰，不具表皮附属物，如图 2-1(4) 所示；木棉气孔呈放射状平行分布，叶面上有较高的条形突起，如图 2-1(5) 所示；麻楝既有纤毛又有一定的浅沟，如图 2-1(6) 所示；大花紫薇和鹅掌藤都具有类似网状或蜂窝状的沟状组织，如图 2-1(7)、(8) 所示；桃花心木气孔密度较大且较为平滑，无明显的起伏，如图 2-1(9) 所示；朱槿气孔密度较小，气孔周围密集有较浅的线形纹饰，如图 2-1(10) 所示；红花羊蹄甲表面具有纤毛且覆盖蜡质层，如图 2-1(11) 所示；小叶榄仁气孔密度较小，气孔开口较小，如图 2-1(12) 所示；高山榕叶表面较光滑，表面有明显的蜡质层，气孔密度较大，孔口近似圆形，无表皮纤毛，如图 2-1(13) 所示。麻楝和红花羊蹄甲的纤毛属单列毛，由单列细胞组成，毛体较柔软，呈短圆柱形，排列较稀疏。以上各树种均没有发现特殊分泌物。

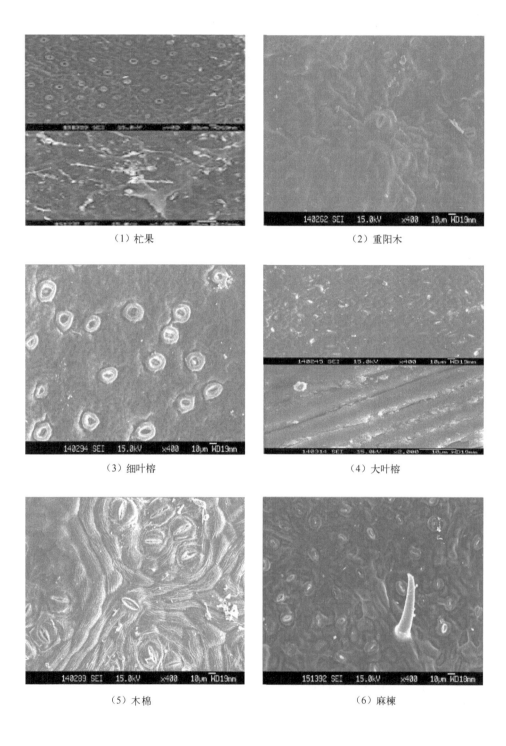

（1）杜果

（2）重阳木

（3）细叶榕

（4）大叶榕

（5）木棉

（6）麻楝

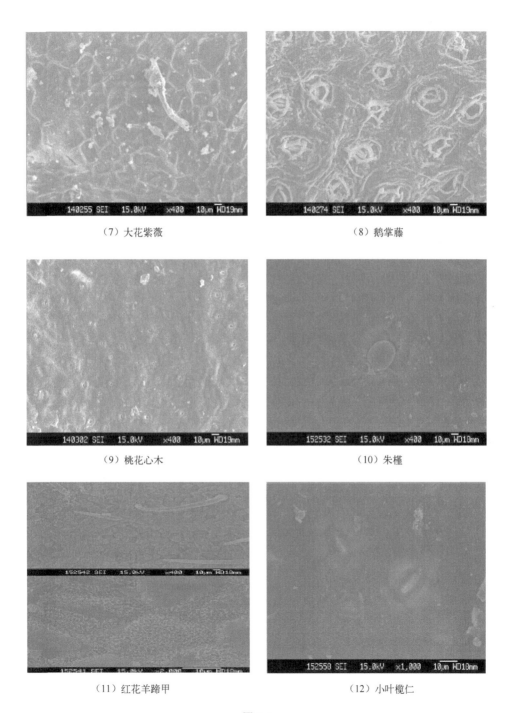

（7）大花紫薇　　　　　　　　　　　　（8）鹅掌藤

（9）桃花心木　　　　　　　　　　　　（10）朱槿

（11）红花羊蹄甲　　　　　　　　　　　（12）小叶榄仁

图 2-1

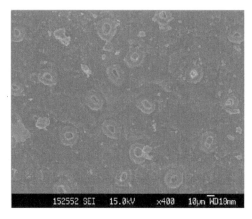

（13）高山榕

图 2-1　十三种植物叶表面微形态扫描电镜图像

植物叶片的微结构与其滞尘能力密切相关，造成滞尘能力差异的原因主要表现为叶片的粗糙度及叶片上下表皮是否具有绒毛、气孔密度。本研究中，滞尘量较大的杧果、重阳木和高山榕的叶表面粗糙且凹凸不平，具有网状结构或沟状组织，气孔密度集中在 19～60 个/400 倍视野，且气孔开口较大，在一定程度上更容易阻滞灰尘及各种粒径的颗粒物，使深藏其间的颗粒物很难再次被风或少量雨水带走，故能稳定滞尘。其雨后 26 天最大滞尘量分别达到 $1.831g/(m^2 \cdot d_{26})$、$1.789g/(m^2 \cdot d_{26})$ 和 $1.707g/(m^2 \cdot d_{26})$。细叶榕表皮突起与凹陷形成的立体空间较易吸附粉尘；大叶榕表面具有沟槽，深浅不一，使得粉尘更易于沉积在槽内，它们的滞尘量也较大。当气孔密度<20 个/400 倍视野或>60 个/400 倍视野的时候，植物的滞尘量发生转折，所测供试树种中细叶榕的气孔密度为 17 个、大叶榕 89 个，其滞尘量相对低于高山榕、小叶榄仁以及细叶榕。木棉气孔密度为 15 个（<20 个），叶面上有较高的条形突起不利于灰尘的沉积；朱槿气孔密度最小，由于气孔周围密集有较浅的线形纹饰，附在上面的颗粒物很容易被风或雨水冲刷掉，故滞尘能力一般。麻楝气孔密度为 35 个且具有纤毛，但其毛体柔软，排列稀疏，不易阻滞颗粒物；而红花羊蹄甲的气孔密度为 232 个（远大于 60 个），且表面覆有蜡质，较难吸滞灰尘；大花紫薇和鹅掌藤的叶表面革质且光滑，垂周壁突起相连成为网格状，不易滞留粉尘；桃花心木气孔密度较大但开口较小且平滑，不易使粉尘停滞其上，这些树种的滞尘能力都较弱。

（3）植物表面润湿性与滞尘量的关系　所测的 18 种植物叶片正面接触角大小在 72°～120°范围内，如表 2-5 所示。最小的为杧果 71.8°。而最大的为红花羊蹄甲，平均为119.3°。依据石辉和李俊义的研究，将植物叶片正面接触角大于90°的定为不润湿，即水分不能在叶面上展开成膜；小于90°的为润湿。除盆架树、麻楝、红花羊蹄甲、大花紫薇和鹅掌藤以外，其它13种植物均为润湿植物，占测定总数的72.2%；接触角在90°～95°之间且处于润湿与非润湿过渡区间的物种有盆架树、麻楝、大花紫薇和鹅掌藤4种，占22.2%；接触角大于95°以上的不润湿物种只有红花羊蹄甲，占5.6%。18个供试植物中背面的接触角平均为100.6°，一般情况下正面的接触角小于背面的接触角，如表2-5所示，其显著水平达到36.6%。18种植物滞尘量和叶片正面接触角大小的关系，如图2-2所示。滞尘量基本随接触角的增大而降低，接触角同滞尘量呈显著负相关，如图2-3所示。

表2-5 18种植物的叶面特征及接触角大小

物种	科别	接触角大小/(°)		叶面形态
		正面	背面	
杧果	漆树科	71.8	79.2	叶革质,无毛
重阳木	叶下珠科	75.1	100.3	小叶片卵形或椭圆状卵形,基部圆形或近心形,边缘有钝锯齿
高山榕	桑科	74.8	98	叶厚革质,广卵形至广卵状椭圆形,长10～19cm,宽8～11cm,先端钝,急尖,基部宽楔形,全缘,两面光滑,无毛,基生侧脉延长,侧脉5～7对;叶柄长2～5cm,粗壮;托叶厚革质,长2～3cm,外面被灰色绢丝状毛
垂叶榕	桑科	82.6	103.4	薄革质,卵形至狭卵形或椭圆形,顶端渐尖,微弯,有光泽,全缘
海南红豆	豆科	82	103.8	先端圆或微凹,基部近圆形,两面密生短柔毛,薄革质,表面深绿色,背面灰绿色,被以绿色粉末
小叶榄仁	使君子科	72	82.4	小叶枇杷形,具短绒毛,呈广椭圆形,叶端较阔,叶质厚,呈革质。叶背基部中脉的两边,各两枚细小的腺体
细叶榕	桑科	79.8	99.1	呈椭圆形,叶端突然收窄至一短尖端,基部渐尖削,边全缘,叶质光滑,质感厚而紧密,叶脉并不显著
灰莉	龙胆科	76.2	98.8	稍肉质,椭圆形或倒卵状椭圆形,侧脉不明显
大叶榕	桑科	80.3	96.1	厚革质,长椭圆形,含乳白液汁,广卵形至广卵状椭圆形,先端钝,急尖,基部圆形或钝,全缘,两面无毛

续表

物种	科别	接触角大小/(°)		叶面形态
		正面	背面	
木棉	锦葵科	74.6	109.5	长椭圆形,两端尖,全缘,无毛
盆架树	夹竹桃科	90.2	142.7	纸质,椭圆形、长圆形或披针形,叶表有光泽,蓇葖果细长,两端具柔软缘毛
朱槿	锦葵科	72.7	47.6	阔卵形至狭卵形,先端突尖或渐尖,叶缘有粗锯齿或缺刻,基部近全缘,两面除背面沿脉上有少许疏毛外均无毛
二乔玉兰	木兰科	84.4	98.8	叶倒卵形或宽倒卵形,先端宽圆,下面具柔毛,叶纸质,叶柄被柔毛,有托叶痕
麻楝	楝科	93.8	87.4	小叶叶端渐尖,基部钝圆,呈纸质;叶背有凸起的叶脉,略见绒毛
红花羊蹄甲	豆科	119.3	141.1	全缘,叶脉掌状,有叶柄,托叶小,近圆形,顶端急尖,基部心形,两面无毛
大花紫薇	千屈菜科	90.2	93.8	叶片革质,椭圆形或卵状椭圆形,稀披针形,先端钝形或短尖,基部阔楔形至圆形,两面均无毛
鹅掌藤	五加科	94.8	130	革质富光泽,倒卵状圆形或长椭圆形
桃花心木	楝科	87.2	98.7	叶斜卵形,全缘,小叶具短小叶柄,先端渐锐

注:以上结果为十个重复的测量值的平均值。

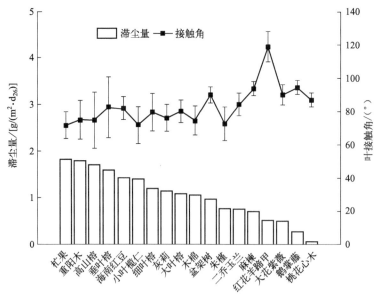

图 2-2 供试植物叶面滞尘量和叶正面接触角

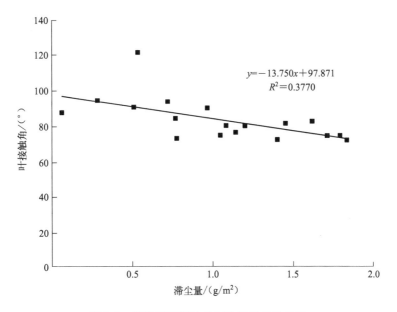

$$y=-13.750x+97.871$$
$$R^2=0.3770$$

图 2-3　植物叶面滞尘量与叶接触角的关系

2.郴州市主要绿化树种滞尘能力

植物的滞尘能力是指单位面积单位时间中滞留的粉尘量。按单位面积滞尘量分析，各个物种的滞尘量存在显著差异，如表 2-6 所示，其范围在 1.206～4.169g/m² 之间，其中滞尘量最大的是红花檵木，为 4.169g/m²，其次是杜鹃，为 2.309g/m²，滞尘量最小的是樟树，为 1.206g/m²，最大值为最小值的 3.4 倍；且乔木滞尘能力明显小于灌木。

表 2-6　郴州市主要绿化树种的滞尘量

物种	单位面积滞尘量/(g/m²)	单叶面积滞尘量/g	干重滞尘量/(g/g)
樟树	1.206	0.0171	0.0022
桂花	1.451	0.0128	0.0063
杜鹃	2.309	0.0334	0.0004
红花檵木	4.169	0.0407	0.0063
海桐	1.642	0.0107	0.0336

(二)影响植物滞尘能力的主要因素分析

1.植物滞尘量的影响因素

有研究认为，叶面的粗糙度决定着颗粒物与叶面之间的物理作用力，从而影响颗粒物的滞留。叶片表面是否着生细密绒毛是颗粒物能否滞留的主要原因，颗粒物与叶片表面接触并进入绒毛之间时，颗粒物被绒毛卡住，难以脱落，因此绒毛有利于颗粒物的滞留，当绒毛密度较小且呈较长的针状时，则不利于颗粒物的滞留。从不同树种滞尘能力和叶表微结构特征的对照可以看出，叶片是通过其细微结构来阻滞降尘的。Freer-Smith 等、余曼等和李海梅等的研究表明叶表面粗糙或凹凸不平具有沟状组织、表面有褶皱或呈现网状、沟状，气孔器凹陷于褶皱形成的凹陷中，密集脊状突起，保卫细胞与周围角质突起的连接区形成具网格形纹饰的植物更容易使颗粒物深藏其中。石辉等的研究也表明叶片表面的结构形态影响颗粒物的滞留，叶片存在大量的沟状、孔状峰谷区域和凹陷，使得叶面粗糙度较高，这样的结构有助于颗粒物的滞留。滞尘能力较大的三个树种（杧果、重阳木和高山榕）叶面粗糙呈凹凸状，并具有网状组织或叶缘具有锯齿状特征。陈芳等的研究表明绒毛密度对颗粒物的滞留能力影响较大。有研究表明松科植物枝叶能分泌树脂、黏液、胶状液体等特殊分泌物，植物叶片靠分泌的油脂等特殊分泌物吸附颗粒物，使颗粒物黏附在叶片上，很难被雨水冲刷。研究发现大部分阔叶树种均无特殊分泌物。Burkhardt 等风洞试验表明，针叶树气孔附近多积聚细小的颗粒（直径约为 $0.5\mu m$）。叶表面平滑，气孔多为长圆形且周围明显蜡质层加厚，气孔周围条形细胞略呈放射状平行分布，垂周壁突起相连成为网格状，细胞排列紧密，这些特征不利于植物滞尘，本研究中滞尘能力较弱的红花羊蹄甲和鹅掌藤也具有这一特征。

2. 叶片表面润湿性对滞尘能力的影响

据研究，叶片的润湿性对植物滞尘能力具有较强的影响，叶表面的润湿性反映了叶片对水的亲和力，叶片接触角较大时对叶片润湿性有一定程度的影响。由于叶片表面蜡质、表皮细胞突起、具有绒毛和气孔等原因，直接导致叶片与颗粒污染物的接触面积较小，使得污染物与叶表面的亲和力减小，从而影响粉尘的滞留。一些研究者发现叶片表面蜡质厚度、质地、绒毛数量、形态和气孔对叶片的润湿性有一定程度的影响。植物叶片的接触角随蜡质含量的升高而增大。Brewer 和 Nuñez（2007）的研究结果表明，植物叶表面气孔密度较大的物种具有较强的疏水性。王会霞等、石辉和李俊义的研究表明叶片接触角和滞尘量之间呈显著负相关。在测定的 13 种植物中，大花紫薇、鹅掌藤的细胞覆有蜡质层，红花羊蹄甲气孔密度最大加之其特殊的蜡质表面导致其不宜润湿，这增加了它的斥水性，所测红花羊蹄甲接触角较大，由此使得叶片与粉尘等污染物的接触面积较小，并导致颗粒物与叶片表面的亲和力也较小，所以不易润湿的叶面滞尘能力较小。对于接触角较小的润湿叶片，与水的亲和力较大，水分在润湿性强的叶面上铺展呈膜，加上叶片表面的形态结构凹凸不平，具有钩状或脊状褶皱、突起等使得粉尘不易从叶面脱落，滞尘能力相对较强。亲水型的杧果正面气孔密度较大，覆面交织呈网状，重阳木、高山榕的气孔凹凸不平，所测接触角较小，滞尘能力较大。

3. 城市绿化树种选择及优化

城市绿化植物是城市园林绿化的骨架，也是城市中分布最广、数量最多，形成城市绿化基调及背景的树种，对于城市环境的改善至关重要。绿化植物具有良好的环境效能和生态效益，并具有吸收有毒物质、调节气候、杀菌等多方面功能，同时对大气降尘具有滞留、吸附和过滤作用。城市绿化树种的选择和规划不仅要考虑到人们感观上的需要，还要考虑其在改善城市环境污染方面能否起到积极的作用。在城市化进程加快的今天，"森林引入城市，城市坐落在森林中，是当今世界城市建设的发展趋势"。然而，由于城市空气环境的污染及城市相对恶劣的生长环境，城市绿化树种的健康经营显得尤为重要。

由于城市绿化树种的适用面广，适宜性强，而且不同的绿化树种对于环境污染的响应也存在差异，因此，城市绿化应结合树种的生态功能及抗性能力，选取适宜当地环境及气候条件的物种，且对城市污染程度不同的区域，进行合理的选择与配置，发挥绿化树种最大的生态效益，如，在污染严重的街道和工矿区选择滞尘与抗性能力均较强的树种，而在污染较轻的公园和居住区则可选取滞尘能力稍弱、景观效果好的适生树种。对广州市交通干道绿化树种的滞尘能力的研究发现，漆树科植物杧果、叶下珠科重阳木属的植物重阳木以及桑科榕属植物高山榕、垂叶榕、大叶榕等表现出较强的抗污染能力，且滞尘能力较大，是城市绿化树种中表现较佳的树种。因此，研究结果对城市绿化树种的选择和配置具有重要的参考价值和指导意义。

目前，随着城市化进程的加快，城市大气环境质量也逐渐下降，固体颗粒物成为城市空气的主要污染物，这些悬浮于空气中的尘埃对人体健康造成极大的威胁。植物可以有效减少空气中粉尘的含量，利用城市植物对大气污染物的吸附、吸收、转移等净化能力来治理大气污染尤其是近地表大气的混合污染是目前国际上正在加强研究和迅速发展的前沿性新课题。在城市区域，尤其是颗粒物污染源周围（如道路），提高绿化水平是目前改善城市空气环境质量的有效手段。

合理选择绿化树种，提高城市绿化质量，是21世纪努力营造生态城市的前提。综合考虑城市整体的大气环境、局部的交通流量、功能区的环境达标要求以及地理环境的特点，全面分析各绿化树种的单位面积滞尘量，并结合植物叶片的疏密程度、树干枝条等的滞尘贡献，从而系统地选择城市绿化树种，使绿化功能、美化功能、滞尘功能达到最大化的发挥。

三、不同功能区植物叶面尘粒径及重金属含量特征

（一）叶面滞尘、路尘的粒径分布

参照大气颗粒物粒级划分标准，结合粒径分析仪的检测限，将叶面滞尘样品分为 $0.02\sim2.5\mu m$、$2.5\sim10\mu m$、$10\sim100\mu m$、$100\sim1000\mu m$ 四个粒级，如表 2-7 所示，广州市不同功能区内叶面滞尘与路尘的粒径主要集中在 $10\sim100\mu m$ 区间，其次为 $2.5\sim10\mu m$ 和 $100\sim1000\mu m$ 区间，无粒径大于 1mm。这说明单从粒径角度来看，叶面滞尘与路尘主要成分为总悬浮颗粒物（TSP）。研究表明，粒径大于 $2\mu m$ 的颗粒物为原生粒子或一次粒子，主要为风力或人为活动产生的土壤尘；粒径小于 $2\mu m$ 的颗粒物则是通过化学反应转化而来的二次粒子。如表 2-7 所示，目前广州市各功能区叶面滞尘与路尘中 PM_{10} 与 $PM_{2.5}$ 已占据相当大的比例，特别在居住区最高，达 29.18%、6.00%；工业区次之，达 28.45%、5.17%；清洁区最低，达 23.56%、4.22%。造成居住区 PM_{10}、$PM_{2.5}$ 百分比较高的原因主要为：①居民出于炊事、沐浴等生活需求而燃烧煤气、天然气等燃料从而向大气排放煤烟、粉尘及废气；②近年来广州市餐饮业发展极快，兴旺发展的同时也加剧了大量油烟雾气的排放，使 PM_{10}、$PM_{2.5}$ 增加。

表 2-7 不同功能区叶面滞尘与路尘粒径分布百分比

尘源	$PM_{2.5}<2.5\mu m$	$PM_{10}<10\mu m$	$TSP<100\mu m$	$100\mu m\sim1mm$
IA 路尘/%	5.45±0.29*	20.02±0.58	87.77±0.95*	14.18±1.05
IA 叶面滞尘/%	5.17±0.35	28.45±1.17	92.76±0.24*	7.75±0.26
CTA 路尘/%	6.25±0.34	24.50±0.77	81.86±0.49*	19.14±0.52
CTA 叶面滞尘/%	5.11±0.32	26.07±1.13	90.12±0.04*	9.96±0.06
RA 路尘/%	4.83±0.25	20.69±0.81	83.93±0.61*	17.36±0.67
RA 叶面滞尘/%	6.00±0.34	29.18±1.17	91.58±0.43*	9.32±0.45
CA 路尘/%	7.28±0.37	26.05±0.86	92.70±0.47*	8.27±0.53
CA 叶面降尘/%	4.22±0.25	23.56±1.20	94.88±0.43*	6.04±0.47

注：1. IA 为工业区；CTA 为商业交通区；RA 为居民区；CA 为清洁区。

2. * 表示在 $P<0.05$ 时差异显著。

比较各功能区内叶面滞尘及路尘的平均粒径，如表 2-8 所示，叶面滞尘粒径均小于当地路尘粒径，而且各功能区内叶面滞尘中 $d(0.5)$、$d(0.9)$ 普遍小于路尘，表明叶面滞尘粒径较细小。研究认为颗粒物粒径越小，表面自由能越大，比表面积也越大，吸附的重金属量越多，因此叶面滞尘的危害较当地路尘大。

表 2-8 不同功能区叶面滞尘与路尘粒径数据值

尘源	$d(0.1)/\mu m$	$d(0.5)/\mu m$	$d(0.9)/\mu m$	平均粒径$/\mu m$
IA 路尘	4.2	32.51	106.65	47.82
IA 叶面滞尘	3.86	18.49	67.77	32.06
CTA 路尘	3.64	26.84	178.54	63.39
CTA 叶面滞尘	4.04	19.16	78.81	49.23
RA 路尘	4.66	28.41	159.08	63.02
RA 叶面滞尘	3.67	18.51	83.25	39.57
CA 路尘	3.27	22.2	77.73	36.9
CA 叶面滞尘	4.78	19.79	66.04	29.89

注：$d(0.1)$、$d(0.5)$、$d(0.9)$分别表示滞尘或路尘粒径累积分布中10%、50%、90%所对应的直径。

如图 2-4 所示，各功能区叶面滞尘与路尘粒径分布基本一致，大体呈现正

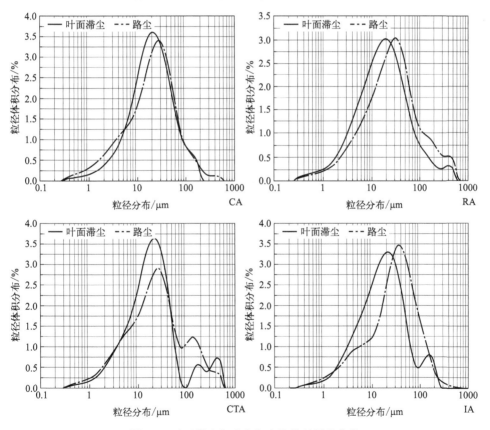

图 2-4 叶面滞尘与地表灰尘的粒径累积曲线

态分布，偏态均为正偏，同时叶面滞尘较当地路尘粒径小。清洁区及居住区粒径分布曲线基本一致，表明叶面滞尘与当地路尘来源基本一致；工业区及商业交通区叶面滞尘粒径基本呈多峰分布，表明该功能区叶面滞尘可能具有多个来源，除与当地工业生产活动及商业交通活动有关外，还可能是远源大气运输作用的结果。

（二）叶面滞尘水溶性离子含量特征分析

解析大气颗粒物中各化学组分的分布状况，对了解颗粒物的环境效应及解析颗粒物的来源具有十分重要的作用。因此，分析植物叶面滞尘中水溶性离子的组成同样有助于分析叶面滞尘来源及了解植物滞尘的环境健康效应。

叶面滞尘水溶性离子含量如表 2-9 所示。检验结果显示，在同一功能区的细叶榕、大叶榕、杧果和红花羊蹄甲叶面滞尘中水溶性离子含量差异不显著（$P > 0.05$），除清洁区、工业区样点外，说明 4 种树叶面滞尘的来源基本一致。F^-、Cl^-、SO_4^{2-}、NO_2^-、NO_3^- 显著高于其它离子，已有的研究表明，无机离子成分主要富集在 $PM_{2.5}$ 和 $PM_{2.5 \sim 10}$ 上。可以推断：叶面滞尘中 5 种离子在 $PM_{2.5}$ 和 $PM_{2.5 \sim 10}$ 中的浓度变化范围比较大，其平均浓度由大到小依次是 $F^- > NO_2^- > Cl^- > SO_4^{2-} > NO_3^-$。四种树种中水溶性离子含量有差异，由此说明不同的树种对水溶性离子的吸收不同。

NO_3^- 与 SO_4^{2-} 的质量比（NO_3^- / SO_4^{2-}）可以用来衡量固定源（如燃煤）和移动源（如汽车尾气）废气对大气中硫和氮贡献量的大小。据统计，发达国家大气中的 NO_x 大部分来自汽车尾气，所以大气颗粒物中 NO_3^- / SO_4^{2-} 的值较高，如颗粒物 NO_3^- / SO_4^{2-} 的值在美国洛杉矶市区为 2。在我国诸多地区，大气中 NO_x 主要来自燃煤排放，NO_3^- / SO_4^{2-} 的比值在 0.3～0.5 之间。若该值较高，表明机动车对大气中 NO_x 和 SO_2 的贡献率较大，反之，则说明 SO_2 和 NO_x 主要来源于燃料煤的燃烧。结果除 CA、IA 样点外，红花羊蹄甲叶面滞尘的 NO_3^- 与 SO_4^{2-} 的质量比小于另外 3 个树种，说明红花羊蹄甲不易吸收机动车尾气排放产生的颗粒物。

Ca^{2+} 在细叶榕、大叶榕和红花羊蹄甲叶面滞尘中的含量普遍高于杧果，说明这 3 种植物更易于阻滞自然源排放的颗粒物。影响二次扬尘颗粒物组成的因素同下垫面性质有关，RA、IA 两个采样点下垫面植被覆盖率较低，可能是这两处叶面滞尘 Ca^{2+} 较高的原因。

Cl^- 可能来源于石化燃料的燃烧，Na^+ 和 Cl^- 分别是两种典型的海盐成分。采样时间是在冬季，冬季广州盛行东北风，偏北风向，而广州位于南海北面，采样期间海盐的贡献很小，可能与主导风向有关。

表 2-9　叶面滞尘水溶性离子含量

单位质量叶面尘水溶性离子含量/(mg/g)

树种	研究区	F^-	Cl^-	SO_4^{2-}	NO_2^-	NO_3^-	K^+	Na^+	Ca^{2+}	Mg^{2+}	NH_4^+
细叶榕	CA	10.9054	12.6975	5.6597	12.8440	1.2337	0.5231	0.0056	0.1505	0.0165	0.0556
	RA	36.4879	11.9032	0.9474	38.0417	1.3819	0.9205	0.0162	0.7506	0.0502	0.0393
	CTA	69.1566	9.2914	23.9060	8.5591	8.6955	0.5054	0.0077	0.3097	0.0245	0.0248
	IA	1.2587	8.3547	14.1761	16.4347	1.1044	0.7387	0.0195	0.5454	0.0574	0.0254
大叶榕	CA	97.1969	14.7133	1.7452	28.9807	0.6098	3.6536	0.0214	0.5156	0.0993	0.0496
	RA	46.7181	14.9469	5.9954	82.4994	13.7989	2.9353	0.0449	1.0573	0.1086	0.0563
	CTA	71.1227	9.1774	6.4707	47.5551	0.7189	1.8310	0.0216	0.3672	0.0292	0.0385
	IA	71.8306	37.9622	2.6481	89.3362	1.2718	2.3864	0.0545	1.3466	0.2469	0.0621
杧果	CA	115.5511	14.5895	10.7578	16.7687	0.1875	0.6123	0.0073	0.1960	0.0466	0.6192
	RA	159.4728	16.2641	0.8006	17.8650	1.3523	0.9246	0.0066	0.4024	0.0824	0.5615
	CTA	114.7188	9.8435	13.4373	0.5955	10.7803	0.5675	0.0062	0.3099	0.0593	0.2561
	IA	180.8395	15.6088	7.8993	16.5853	7.1873	0.7648	0.0241	0.5945	0.1183	0.3530
红花羊蹄甲	CA	10.1429	11.7503	1.8046	0.3671	8.2563	0.7424	0.0164	0.3803	0.0607	0.0197
	RA	10.4969	16.3760	15.6149	13.6461	5.2437	1.4264	0.0168	0.7557	0.2108	0.0596
	CTA	30.3068	17.7250	19.9830	5.5260	0.3408	0.6909	0.0144	0.3520	0.0730	0.0314
	IA	9.5498	53.9772	0.7473	19.9964	4.4489	1.2633	0.0228	0.8696	0.1914	0.0284

NH_4^+ 大多数分布在细粒子中，主要来源于农业灌溉、酸雨和有机质的降解等过程产生的 NH_3 在大气中的转化。NH_4^+ 与 SO_4^{2-} 具有较高的相关性（$R=0.76$），说明 NH_4^+ 主要以硫酸盐的形式存在。K^+ 是生物质（麦秸、树叶等）燃烧的示踪物，主要分布在细粒中。

（三）叶面滞尘、路尘、植物叶片中重金属和 S 含量特征

1. 叶面滞尘重金属和 S 含量特征

方差分析（ANOVA）结果如表 2-10 所示。城市不同功能区叶面滞尘重金属含量差异显著（$P<0.05$）。不同功能区叶面滞尘重金属含量远高于广东省土壤背景值（Cr、Ni 和 Mn 除外）。Cd、Cu、Mn 和 Zn 含量在工业区最高，Cr、Ni 和 Pb 含量在居住区最高，在这两个研究区中 Cd 的含量分别达到了广东省土壤背景值的 88 倍和 89 倍；在商业交通区和工业区，Zn 的含量分别达到背景值的 31 倍和 36 倍；在居住区和工业区 Mn 的含量也分别达到背景值的 4 倍和 11 倍。工业区重金属 Cd、Cu、Mn 和 Zn 含量之所以很高，是因为采样点在广州钢铁厂和造船厂，因为这一地区存在大量的工业废弃物和油漆污染，使得大气降尘中的 Cd、Cu、Mn 和 Zn 增多，这也充分反映了重金属含量受到工业活动的强烈影响。居住区重金属 Cr、Ni 和 Pb 含量高于其它区，原因在于居住区选择在广州市荔湾区，在 2002 年以前，荔湾区属于广州的旧城区，那里集交通、商业、居住和工业于一体，分布有化工厂、塑料厂及电厂等，人口密度较高，加之大规模的建筑和建筑活动提高了空气中重金属的含量。如图 2-5 所示，不同功能区硫含量差异不显著，仅呈现出随商业交通区、工业区、清洁区、居住区趋势递减的特征。

表 2-10　不同功能区叶面滞尘的重金属含量

研究区	CA	RA	CTA	IA
Cr/(mg/kg)	227.57±23.13	376.96±24.40[ab]	209.58±10.13	275.77±91.48[c]
Cd/(mg/kg)	4.25±0.37	4.94±0.12	3.67±0.21	4.97±0.08
Cu/(mg/kg)	360.24±25.81	290.70±25.63	434.12±31.67	580.10±38.03[ab]
Mn/(mg/kg)	465.22±18.08[c]	1169.58±7.07	600.59±5.50	3189.27±300.40[ab]
Ni/(mg/kg)	99.88±17.61	117.70±7.93[ab]	83.99±5.15	54.04±4.13[ab]
Pb/(mg/kg)	428.58±21.27	804.57±145.33[ab]	438.90±8.85	700.00±2.34
Zn/(mg/kg)	1161.73±72.51[c]	1253.08±64.41	1453.06±18.41	1715.79±52.09[ab]

注：表中每行数据上标字母不同表示差异显著（$P<0.05$）。

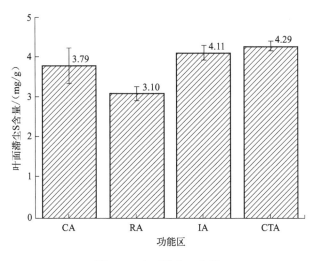

图 2-5　叶面滞尘 S 含量

2．路尘重金属和 S 含量特征

方差分析结果如表 2-11 所示，城市不同功能区路尘重金属含量存在显著差异（$P < 0.05$）。不同功能区路尘重金属含量远高于广东省土壤背景值（除 Cr、Ni 和 Mn）。除重金属 Ni 之外，其它 6 种重金属的含量均以工业区最高；而 Ni 的含量在商业交通区最高，其含量为 111.84mg/kg。由各功能区重金属含量水平可以判断，受污染最严重的区域是工业区、商业交通区，可见重金属污染同工业生产、人类的活动及交通运输有密切关系。如图 2-6 所示，不同功能区硫含量差异也不显著，仅呈现出随商业交通区、工业区、居住区、清洁区递减的特征。

表 2-11　不同功能区中路尘的重金属含量

研究区	CA	RA	CTA	IA
Cr/(mg/kg)	165.88±30.04	133.65±69.62[c]	147.86±13.94	273.73±41.29[ab]
Cd/(mg/kg)	3.43±0.28	3.27±1.49	3.15±0.78	5.56±1.86[ab]
Cu/(mg/kg)	381.63±116.16	233.26±156.59[c]	339.61±57.28	514.28±207.25[ab]
Mn/(mg/kg)	660.83±65.31	1285.35±237.24[c]	610.31±25.01	4477.35±1902.20[ab]
Ni/(mg/kg)	64.52±15.59	42.77±19.42	111.84±48.85[ab]	57.27±16.27
Pb/(mg/kg)	215.08±92.72	311.58±125.68	169.72±79.34	585.6±150.53[ab]
Zn/(mg/kg)	1197.69±315.67	761.55±497.10[c]	1575.51±355.16	1846.67±509.16[ab]

注：表中每行数据上标字母不同表示差异显著（$P < 0.05$）。

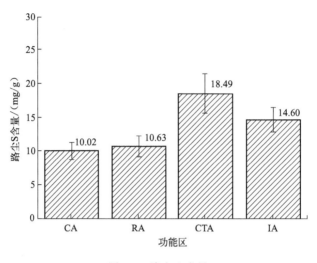

图 2-6　路尘 S 含量

3. 杜果与红花羊蹄甲叶片重金属和 S 含量特征

（1）杜果与红花羊蹄甲叶片重金属含量特征　方差分析结果如表 2-12、表 2-13 所示，城市不同功能区杜果与红花羊蹄甲叶片重金属含量（除 Mn 外）差异显著（$P<0.05$）。说明两树种对重金属的吸收具有选择性，由于植物对重金属污染物的滞留是一个复杂的过程，受到诸多因素的影响和限制，除来自植物和污染物本身的影响外，还受到诸如气候条件和土壤等因素的制约，这些因素主要作用在地上部分的表面及叶片的气孔，并将污染物滞留在叶片的表面，所以不同的树种，其吸附重金属的能力不同。在本研究中，红花羊蹄甲对 Cr、Cu、Ni、Pb、Zn 的吸收高于杜果；重金属 Mn 元素含量在两个树种中无显著差异（$P>0.05$），说明两树种对重金属 Mn 的吸收能力差异不大；杜果对 Cr、Ni 无吸滞能力。杜果在不同功能区对重金属的吸收能力，呈现出工业区＞商业交通区＞居住区＞清洁区的特征；而红花羊蹄甲呈现出工业区＞居住区＞商业交通区＞清洁区的特征。两种植物叶片中 Cu 和 Zn 的含量较高，其原因可能是 Cu 和 Zn 为植物生理需要的重要元素。Cu 为植物体内许多辅酶的组成成分，Zn 促进植物生长素吲哚乙酸的合成。

Post Hoc 多重比较发现杜果在工业区的 Cu、Mn、Pb、Zn 含量均显著高于其他功能区（$P<0.05$）；而红花羊蹄甲（除 Cu、Ni 外）工业区均高于其它功能区。两种植物在同一功能区，红花羊蹄甲吸收积累重金属的能力大于杜果。

表 2-12 杜果叶片重金属含量

采样点	项目	Cu/(mg/kg)	Mn/(mg/kg)	Pb/(mg/kg)	Zn/(mg/kg)	PI
CA $n=3$	平均值	8.71	4.58	ND	3.87	1.00
	范围	2.75~14.67	0.00~24.53	ND	0.00~11.08	
	标准差	5.96	19.95	0	7.21	
RA $n=3$	平均值	13.23*	4.90	ND	8.07	1.56
	范围	11.35~15.11	4.13~5.67	ND	4.85~11.29	
	标准差	1.88	0.77	0	3.22	
CTA $n=3$	平均值	15.54*	14.97	ND	22.04*	3.58
	范围	13.67~17.41	14.50~15.44	ND	19.91~24.17	
	标准差	1.87	0.47	0	2.13	
IA $n=3$	平均值	19.69*	117.67*	19.41*	46.51*	14.85
	范围	19.20~20.18	113.89~121.45	18.24~20.58	45.11~47.91	
	标准差	0.49	3.78	1.17	1.40	

注：1. ND 表示未检出。

2. 数字右上角 * 表示差异显著（$P<0.05$）。

（2）植物叶片 S 含量 如表 2-13 所示，城市不同功能区杜果和红花羊蹄甲叶片 S 含量差异不显著（$P>0.05$）。以清洁区为对照，计算其综合污染指数（PI_S），$PI_S = 1/n \sum_{i=1}^{n}(C_i/C_S)$，结果表明 PI_{S-M} 以商业交通区、工业区、居住区、对照区趋势递减；PI_{S-B} 则随工业区、商业交通区、居住区、对照区递减。Post Hoc 多重比较发现，在同一功能区两种植物叶片 S 含量差异不显著，说明两种植物吸收积累硫的选择能力不强。

表 2-13 杜果与红花羊蹄甲叶片 S 含量

采样点	项目	杜果叶片 S 含量/(mg/kg)	PI_{S-M}	红花羊蹄甲叶片 S 含量/(mg/kg)	PI_{S-B}
CA $n=3$	平均值	3.51	1.00	3.67	1.00
	范围	3.46~3.56		3.47~3.87	
	标准差	0.05		0.2	
RA $n=3$	平均值	3.97	1.13	3.69	1.01
	范围	3.93~4.01		3.62~3.76	
	标准差	0.04		0.07	
CTA $n=3$	平均值	6.09*	1.74	4.34	1.18
	范围	6.08~6.10		4.32~4.36	
	标准差	0.01		0.02	

采样点	项目	杧果叶片 S 含量/(mg/kg)	PI_{S-M}	红花羊蹄甲叶片 S 含量/(mg/kg)	PI_{S-B}
IA $n=3$	平均值	4.46		5.26*	
	范围	4.40～4.52	1.27	5.15～5.37	1.43
	标准差	0.06		0.11	

注：数字右上角 * 表示差异显著（$P<0.05$）。

4. 植物叶片与叶面滞尘重金属及 S 相关关系

如表 2-14、表 2-15 所示，杧果叶片中 Cu、Mn、Zn 和叶面滞尘中重金属对应元素显著相关（$P<0.05$），而杧果叶片和叶面滞尘中重金属与 S 元素相关性不显著。红花羊蹄甲叶片中元素 Cu、Mn、Ni、Zn 和叶面滞尘中重金属 Cr、Mn、Pb、Zn 显著正相关（$P<0.05$），Ni 同 Mn、Pb、Zn 显著负相关，而红花羊蹄甲叶片和叶面滞尘中重金属与 S 元素相关性亦不显著。这在一定程度上说明元素的来源存在差异。说明植物中 Cu、Mn、Ni、Pb、Zn 可能部分来自对叶面滞尘的吸收。而植物叶片中的 Mn、Zn 与叶面滞尘的 Mn、Zn 相关系数较大，大于 0.9，在杧果中（Mn_d-Mn_m，Zn_d-Zn_m，相关系数分别为 $r=0.954$，$r=0.954$）；红花羊蹄甲中（Mn_d-Mn_b，Zn_d-Zn_b，相关系数分别为 $r=0.961$，$r=0.916$）。说明植物可通过气孔吸收富集降尘颗粒中移动性较大的 Mn 和 Zn。植物叶片中 S 与叶面滞尘中重金属相关性不显著，这说明植物叶片较少从滞尘中直接吸收，可能大部分来自于根及其它器官。

表 2-14　杧果叶片与叶面滞尘重金属和 S 含量皮尔逊相关关系

滞尘	杧果叶片				
	Cu_m	Mn_m	Pb_m	Zn_m	S_m
Cu_d	0.680*	0.890**	0.860**	0.905**	0.336
Mn_d	0.761**	0.954**	0.964**	0.863**	0.483
Pb_d	0.288	0.318	0.354	0.200	−0.295
Zn_d	0.847**	0.887**	0.850**	0.954**	0.455
S_d	0.334	0.374	0.319	0.492	0.567

注：1. * 表示 $P<0.05$ 时显著相关，** 表示 $P<0.01$ 时显著相关。

2. Cu_m 表示杧果叶片中 Cu 的含量，Cu_d 表示滞尘中 Cu 的含量。其它元素依此类推。

表 2-15　红花羊蹄甲叶片与叶面滞尘重金属和 S 含量皮尔逊相关关系

滞尘	红花羊蹄甲叶片						
	Cr_b	Cu_b	Mn_b	Ni_b	Pb_b	Zn_b	S_b
Cr_d	0.016	−0.298	0.053	−0.09	0.125	−0.025	−0.545
Cu_d	0.704*	−0.265	0.817**	−0.206	0.775**	0.842**	0.502

滞尘	红花羊蹄甲叶片						
	Cr_b	Cu_b	Mn_b	Ni_b	Pb_b	Zn_b	S_b
Mn_d	0.898**	−0.605*	0.961**	0.252	0.975**	0.910**	0.095
Ni_d	−0.712**	0.277	−0.783**	0.062	−0.742**	−0.858**	−0.376
Pb_d	0.485	−0.459	0.425	−0.169	0.455	0.333	−0.076
Zn_d	0.786**	−0.225	0.858**	−0.018	0.808**	0.916**	0.276
S_d	0.13	0.199	0.254	−0.075	0.177	0.396	0.191

注：1. * 表示 $P < 0.05$ 时，显著相关，** 表示 $P < 0.01$ 时，显著相关。

2. Cr_b 表示红花羊蹄甲叶片中 Cr 的含量，Cr_d 表示滞尘中 Cr 的含量。其它元素依此类推。

5. 叶面滞尘与路尘重金属生态风险评价

如表 2-16 所示，各功能区叶面滞尘及路尘中 Cd 呈现极高的生态污染风险；叶面滞尘中 Cu 在工业区及商业交通区呈现Ⅳ级生态污染风险，在居住区及清洁区呈现Ⅲ级生态污染风险，而路尘中仅在工业区处为Ⅳ级；除在清洁区处为Ⅱ级，其它功能区内叶面滞尘中 Pb 均呈现较高的生态污染风险，而路尘中 Pb 仅在工业区处达到Ⅲ级生态污染风险；此外，叶面滞尘及路尘中 Cr、Mn、Ni 及 Zn 在各功能区内生态污染风险等级均较低。结合 7 种重金属，计算综合潜在生态污染风险指数 RI，在叶面滞尘及路尘中均达到Ⅴ级。由于工业粉尘、建筑扬尘、生活烟尘以及机动车尾气等导致广州市各功能区内重金属污染严重，潜在生态污染风险达到极高水平，需要引起广州市政府高度关注，并采取有效措施加以改善。

表 2-16　广州不同功能区重金属的潜在生态风险程度分级

叶面滞尘	CA		RA		CTA		IA	
元素	E_r^i	等级	E_r^i	等级	E_r^i	等级	E_r^i	等级
Cr	9.01	Ⅰ	14.93	Ⅰ	8.3	Ⅰ	10.92	Ⅰ
Cu	105.95	Ⅲ	85.5	Ⅲ	127.68	Ⅳ	170.62	Ⅳ
Pb	59.53	Ⅱ	111.75	Ⅲ	60.96	Ⅲ	97.22	Ⅲ
Mn	1.67	Ⅰ	4.19	Ⅰ	2.15	Ⅰ	11.43	Ⅰ
Zn	24.56	Ⅰ	26.49	Ⅰ	30.73	Ⅱ	36.27	Ⅱ
Ni	34.68	Ⅱ	40.87	Ⅱ	29.16	Ⅰ	18.78	Ⅰ
Cd	2276.79	Ⅴ	2646.43	Ⅴ	1966.07	Ⅴ	2662.5	Ⅴ
RI	2512.19	Ⅴ	2930.16	Ⅴ	2225.05	Ⅴ	3007.74	Ⅴ

路尘	CA		RA		CTA		IA	
元素	E_r^i	等级	E_r^i	等级	E_r^i	等级	E_r^i	等级
Cr	6.57	I	5.29	I	5.86	I	10.84	I
Cu	112.24	III	68.61	III	99.89	III	151.26	IV
Pb	29.87	I	43.28	II	23.57	I	81.33	III
Mn	2.37	I	4.61	I	2.19	I	1.71	I
Zn	25.32	I	16.1	I	33.31	II	17.9	I
Ni	22.4	I	14.85	I	38.83	II	19.89	I
Cd	1837.5	V	1751.79	V	1687.5	V	2978.57	V
RI	2036.27	V	1904.53	V	1891.15	V	3261.5	V

注：E_r^i 为某一重金属的潜在生态危害系数。

6. 粉尘污染对植物叶绿素和质膜透性的影响

叶绿素为光合作用中重要的光能吸收色素，它的含量能够直接影响植物的生长发育。叶片质膜作为细胞与环境之间物质交换的一个界面，各种逆境对细胞的影响最先作用于细胞膜。

因此，植物蒙尘后，其叶绿素含量和质膜透性的变化能够反映该区域环境质量的好坏及植物抗逆性强弱的程度。

（1）不同绿化树种叶绿素含量的季节变化　叶绿素常被用来作为环境污染的指示剂。四种植物不同季节叶绿素含量变化如图 2-7 所示。由图可以看出，叶绿素含量随树种的不同而有差异，含量较高的为红花羊蹄甲和杧果，如夏季红花羊蹄甲在清洁区、居住区、商业交通区和工业区的含量分别为：3.16、3.10、2.77、2.98mg/L。杧果在清洁区、居住区、商业交通区和工业区的含量分别为：3.09、2.79、2.61、2.32mg/L。其中，大叶榕叶绿素含量在夏季较低，而在秋季、冬季较高，这跟大叶榕特殊的生长特点有关，大叶榕在秋季落叶，随后又长出新叶。不同树种在不同的功能区也表现出一定的规律性，在清洁区和居住区相对较高，而在商业交通区和工业区较低，表明植物对污染（逆境）会有所反应。由于清洁区和居住区内绿化覆盖率较高，植物的生长状况良好，而且来往的车辆较少，以致环境中粉尘的含量较少，而商业交通区由于车辆及人流来往频繁，汽车尾气与扬起的粉尘致使植物处于一个污染相对较为严重的环境，工业区由于工业生产、油漆、大型运输车辆的进出等使得粉尘及烟尘的排放较多。所以道路旁的植物叶绿素总含量小于清洁区和居住区。

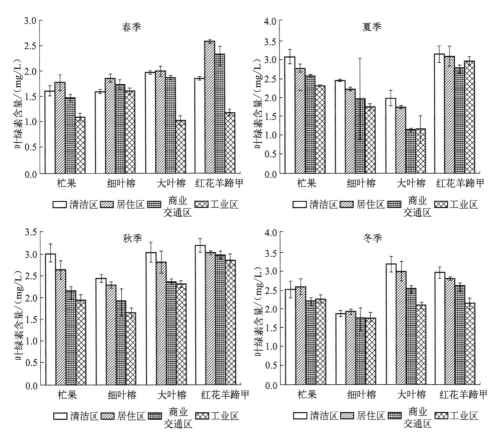

图 2-7　不同季节植物叶绿素含量变化

（2）不同绿化树种质膜透性的季节变化　细胞膜是细胞与环境之间物质交换的界面，植物在逆境环境下最先受影响的可能是细胞膜。植物之所以受害，原因是植物处于逆境胁迫时，其选择透过机能严重受损，且透性增大，促使细胞内一些可溶性物质发生外渗，破坏了酶及代谢作用原有的区域，因而质膜相对透性的变化可以作为评定植物对污染反应的一个生理指标。膜透性越大，则表示植物受害程度越严重，长势也越差。

本次实验中未发现植物叶片外观出现明显的伤害症状，如图 2-8 所示，植物细胞膜透性已发生变化，且受污染的区域植物细胞膜透性均高于污染较轻的清洁区，原因可能为植物体内的自由基大量产生和累积，引发膜脂过氧化和脱脂化作用，从而造成膜脂和膜蛋白的损伤，以此破坏细胞膜的结构和功能，使膜透性增大。细胞膜透性变化大小各异，在某种程度上反映了植物叶片受害后发生的生理变化，与植物的伤害程度和抗性强弱存在密切关系。

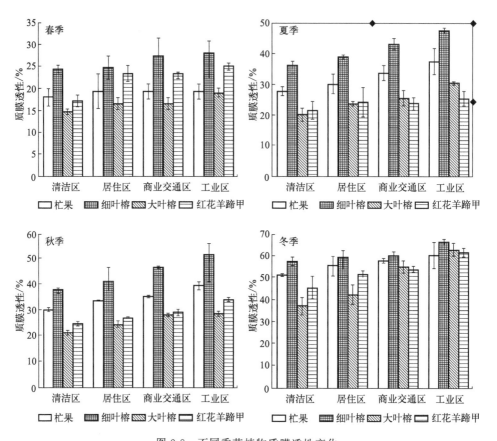

图 2-8 不同季节植物质膜透性变化

不同植物叶片质膜透性变化呈现出从春季到冬季逐渐升高。结果表明，不同功能区植物叶片质膜透性较灵敏地反映出环境质量：空气质量较好且污染相对较轻的清洁区叶片质膜透性显著低于其它区域；商业交通区车辆尾气排放量较大，其植物质膜透性较高，而污染最大的工业区植物质膜透性最大。从表观上看，在工业区附近常会发现 4 种植物叶片微黄、枯卷现象，而其它 3 个功能区植物生长状况良好，可从大气污染引起质膜透性升高这一角度揭示其生理本质。从抗逆强弱分析，基本为大叶榕＞红花羊蹄甲＞杧果＞细叶榕。

四、重金属特征污染源解析

(一) 重金属相关性分析

1. 叶面滞尘与路尘重金属元素相关性

分别选取 12 个叶面滞尘和路尘样品，经皮尔逊相关分析，结果如表 2-17

所示，发现叶面滞尘与路尘中重金属存在显著相关性。二者所含 Pb、Mn、Zn 三种元素分别对应相关（$P<0.05$），两者所含 Cu_f-Cu_s（0.841）、Mn_f-Mn_s（0.995）、Zn_f-Zn_s（0.829）三元素在 $P<0.01$ 水平上显著正相关，说明两者来源相似。另外，Ni 同其它元素均呈现负相关，表明 Ni 同其它重金属元素来源存在差异。

表 2-17　叶面滞尘与路尘中重金属元素的皮尔逊相关系数

元素	Cr_f	Cu_f	Pb_f	Mn_f	Zn_f	Ni_f	Cd_f
Cr_s	−0.071	0.825**	0.216	0.820**	0.728**	−0.799**	0.391
Cu_s	0.825**	0.841**	−0.117	0.625**	0.665**	−0.785**	0.785**
Pb_s	0.271	0.640**	0.619*	0.925**	0.703*	−0.618*	0.731**
Mn_s	0.820**	0.789**	0.925**	0.995**	0.821**	−0.755**	0.643*
Zn_s	0.683*	0.911**	0.703*	0.821**	0.829**	−0.917**	0.770**
Ni_s	−0.691*	−0.785**	−0.715**	−0.755**	−0.917**	−0.217	−0.851**
Cd_s	0.391	0.785**	0.731**	0.883**	0.770**	−0.753**	0.557

注：1. *、**分别表示 $P<0.05$、$P<0.01$ 时显著相关。

2. 下标 f、s 分别表示叶面滞尘、路尘。

2. 叶面滞尘、路尘中重金属元素相关性

为了建立叶面滞尘和路尘的内部关系，对七种重金属元素进行皮尔逊相关分析，二者元素相关性结果如表 2-18、表 2-19 所示：叶面滞尘中 Cr-Pb（0.884）、Cr-Cd（0.712）、Cu-Mn（0.758）、Cu-Zn（0.904）、Pb-Cd（0.852）、Mn-Zn（0.828）显著相关（$P<0.01$），说明叶面滞尘中这些元素来源相似；而 Ni-Cu、Ni-Mn、Ni-Zn 呈现负相关，说明这些元素的来源不同。路尘中各元素的相关性更加明显，尤其是 Cr、Pb 分别同 Cd、Mn 表现出显著相关；其中，Cr、Cu、Mn 同 Pb、Zn、Cd 也显著相关，这表明叶面滞尘与路尘中这些重金属元素来源存在较大相似性。

表 2-18　叶面滞尘中重金属元素的皮尔逊相关系数

元素	叶面滞尘（$n=12$）						
	Cr	Cu	Pb	Mn	Zn	Ni	Cd
Cr	1						
Cu	−0.395	1					
Pb	0.884**	−0.032	1				

元素	叶面滞尘（$n=12$）						
	Cr	Cu	Pb	Mn	Zn	Ni	Cd
Mn	0.236	0.758**	0.584*	1			
Zn	−0.141	0.904**	0.239	0.828**	1		
Ni	0.459	−0.959**	0.075	−0.718**	−0.857**	1	
Cd	0.712**	0.094	0.852**	0.664*	0.245	−0.024	1

注：*、** 分别表示 $P<0.05$、$P<0.01$，显著相关。

表 2-19　路尘中重金属元素的皮尔逊相关系数

元素	路尘（$n=12$）						
	Cr	Cu	Pb	Mn	Zn	Ni	Cd
Cr	1						
Cu	0.777**	1					
Pb	0.823**	0.586*	1				
Mn	0.854**	0.684*	0.929**	1			
Zn	0.683*	0.818**	0.449	0.585*	1		
Ni	−0.142	0.026	−0.509	−0.372	0.434	1	
Cd	0.789**	0.796**	0.852**	0.901**	0.710**	−0.303	1

注：*、** 分别表示 $P<0.05$、$P<0.01$，显著相关。

（二）叶面滞尘、路尘源解析

对于重金属的源解析，多以大气颗粒物作为研究对象，而有关叶面滞尘和地面尘的研究尚不多见。汽车尾气是细粒子的主要来源，并且对于超细和极细粒子来说，Ba、Pb、Zn 等交通污染源的指示性元素之间存在显著的相关性，从而说明这三种元素大多来自交通排放。

如表 2-20 所示，运用正交旋转方法对广州城市叶面滞尘和路尘中重金属元素进行主成分分析，结果表明 3 个主成分可以解释总变量的 82.2%。其中第一主成分的贡献率为 25.9%，Cr 和 Ni 在第一主成分上表现出较高的正载荷，分别为 0.89 和 0.96。第二个主成分的贡献率达到 31.4%，Cu、Mn 和 Zn 在第二主成分上的载荷分别为 0.80、0.98 和 0.98。第三个主成分的贡献率达 20.1%，Cd 和 Pb 的载荷分别为 0.63 和 0.86。主成分分析旋转后的因子负荷散点图如图 2-9 所示。

表 2-20　广州城市叶面滞尘与路尘主成分分析旋转后的因子负荷矩阵

元素	主成分			共同度
	1	2	3	
Cr	0.89	−0.22	0.35	0.96
Cd	0.57	−0.36	0.63	0.76
Cu	−0.47	0.80	−0.25	0.73
Mn	0.11	0.98	−0.06	0.98
Ni	0.96	−0.15	−0.18	0.86
Pb	0.41	−0.13	0.86	0.88
Zn	−0.05	0.98	−0.01	0.96
特征值	2.59	3.14	2.01	
方差贡献率	25.9	31.4	20.1	
累计方差贡献率	25.9	70.3	82.2	

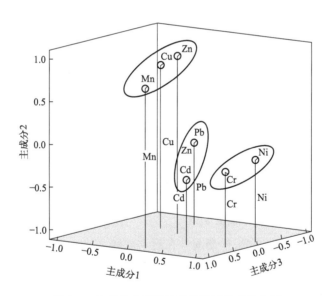

图 2-9　主成分分析旋转后的因子负荷散点图

(三) 叶面滞尘、路尘富集分析

如图 2-10 所示，两种尘中重金属元素 Cr、Mn、Ni、Pb、Cu、Zn 和 Cd 的富集系数范围为 2.25～6.34、1.4～13.62、2.52～6.94、4.00～18.97、11.65～28.97、13.67～33.14 和 47.75～84.28。Cr 和 Ni 的平均富集系数

(EF)<10；在叶面滞尘中 Mn 的平均富集系数小于 10 或接近 10；此外，在路尘中 Mn 和 Pb 的平均富集系数小于 10（工业区除外），这表明其来源主要来自于地壳或自然土壤。如图 2-10(a) 所示，Cd、Cu、Zn 和 Pb 的富集系数远高于 Cr、Mn 和 Ni，尤其以 Cd 的富集最大；在路尘中，Cd、Zn 和 Cu 相对较高。由此表明，人类活动是重金属的主要来源。

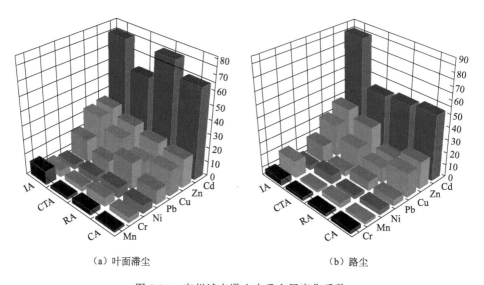

（a）叶面滞尘　　　　　　　　　　　（b）路尘

图 2-10　广州城市滞尘中重金属富集系数

五、城市植被滞尘效应

（一）城市绿化树种的滞尘功能

1. 研究区不同树种的滞尘能力

如图 2-11 所示，7 次采样期间，在达到饱和之前，4 种绿化乔木叶面滞尘量随时间延长而增长。雨后 4 天的叶面滞尘量均小于 0.8g/m² （除杧果外），到达第 24 天时，不同功能区内的 4 个树种滞尘量都达到或接近饱和。经 Post Hoc 多重比较表明，雨后 24 天与 28 天的滞尘量无显著差异，说明滞尘量在约 24 天时达到最大值。杧果在雨后 8 天叶面滞尘量呈直线增长，在 24 天左右达到最大值。细叶榕、大叶榕、红花羊蹄甲在雨后 12 天增长较快，在雨后 16 天增长平缓。第 20 至 28 天的滞尘量无显著差异，基本在小区间范围内波动。各树种的滞尘累积过程不同，随时间的累积贡献率均有差异，雨后初期滞尘较快，中期滞尘迅速增加，后期滞尘趋于平缓。由此反映出，在自然环境条件下，树种的滞尘累积是个相对复杂的动态过程，受到外界环境的较大影响。

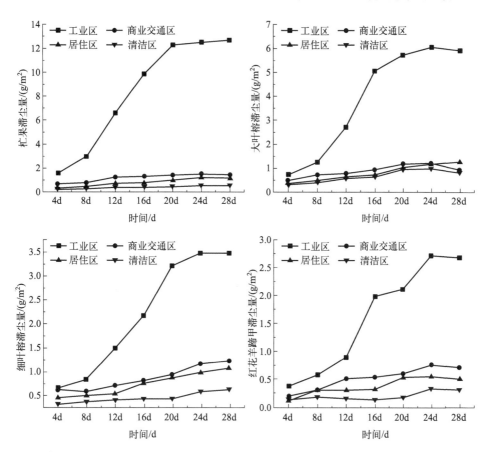

图 2-11　不同树种的滞尘能力

经方差分析，大叶榕、杧果与红花羊蹄甲、细叶榕的滞尘能力存在显著差异（$P < 0.05$）。同一功能区内，杧果单位叶面积滞尘量最大，大叶榕次之，细叶榕较低，红花羊蹄甲滞尘量最小。在工业区杧果、红花羊蹄甲雨后 28 天的滞尘量分别为 $12.723g/m^2$、$2.682g/m^2$，前者是后者的 4.74 倍。方差分析表明，不同功能区植物滞尘量差异显著（$P < 0.05$），滞尘量顺序为：工业区＞商业交通区＞居住区＞清洁区。

据研究，植物叶面最大滞尘量在不同城市有所差异。王赞红等研究的大叶黄杨单叶滞尘量 15 天达到饱和，而张新献等研究发现北京居住区内 10 个树种的滞尘能力在 4 周后仍未饱和。植物叶面滞尘能力受大气中粉尘总量的影响，而且大气中粉尘总量也是影响叶面滞尘量达到饱和时间长短的一个因素。

2. 不同绿化树种滞尘能力的季节变化

对广州市主要的 4 种绿化植物进行旱季（三月、十二月）和雨季（六月、十月）滞尘量的连续测定。Post Hoc 多重比较分析表明，旱季和雨季绿化树种的滞尘量呈现显著差异（$P < 0.05$）。广州是典型的亚热带季风气候区，干、湿季节明显。如图 2-12 所示，在同一个季节内，滞尘量差异不显著（$P = 0.367 > 0.05$）。六月和十月初是广州的雨季，叶面灰尘容易被较大的降雨冲刷干净；三月和十二月，广州干旱少雨，由于这一季节空气中颗粒物的累积使得叶片的滞尘能力显著增加。

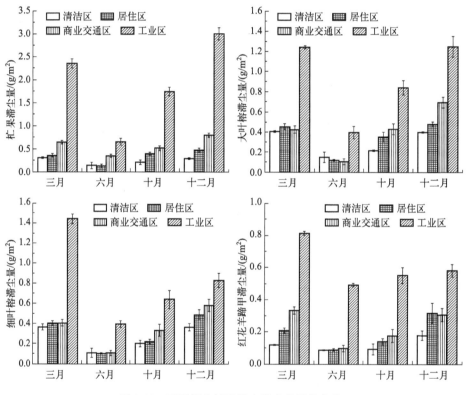

图 2-12　不同绿化树种滞尘能力的季节变化

（二）广州城市植被群落特征

对广州 18 个地面样方中不同种类常绿阔叶绿化乔木的地面生物量进行调查，其中包括不同功能区主要植物群落高度和盖度，如表 2-21 所示。以及主要植物群落的结构特征，如表 2-22 所示。

表 2-21　不同功能区主要植物群落高度和盖度

功能区	群落	高度/m	盖度/%
清洁区	细叶榕+红花羊蹄甲+樟树-基及树-蜘蛛抱蛋群落	9	96
	杧果+细叶榕+红花羊蹄甲+大王椰-鹅掌藤+木槿+散尾葵+假连翘-水鬼蕉群落	9.5	87
	杧果+细叶榕+美丽异木棉+大王椰-马尾松-木棉+假连翘+基及树-合果芋群落	20	80
	红花羊蹄甲+杧果+细叶榕+大王椰-木棉+基及树+海桐-红背桂群落	9.2	80
居住区	杧果+红花羊蹄甲+细叶榕+盆架树-合果芋+水鬼蕉群落	8.5	90
	细叶榕+红花羊蹄甲群落	9.5	80
	杧果+细叶榕+红花羊蹄甲+垂叶榕-基及树-合果芋群落	8.5	75
	细叶榕群落	7.6	95
商业交通区	杧果+细叶榕+红花羊蹄甲+大叶榕-鹅掌藤+龙船花-沿阶草群落	10.5	80
	细叶榕+红花羊蹄甲+大王椰+黄槐决明-基及树+木槿+假连翘-蜘蛛抱蛋群落	12.5	70
	大叶榕+红花羊蹄甲+小叶榄仁-红花檵木-灰莉-红龙草群落	10.5	90
	红花羊蹄甲+大叶榕+细叶榕+美丽异木棉-紫背万年青+合果芋群落	12.5	95
	细叶榕+红花羊蹄甲+木槿-散尾葵群落	6	66
工业区	细叶榕+红花羊蹄甲+大叶榕-叶子花+合果芋群落	9.5	60
	细叶榕+红花羊蹄甲+大花紫薇-散尾葵-水鬼蕉群落	7.5	70
	细叶榕+杧果+红花羊蹄甲+盆架树-灰莉-木棉-蟛蜞菊群落	11.5	90
	细叶榕+红花羊蹄甲-散尾葵+叶子花+假连翘群落	7.3	66

表2-22 主要植物群落的结构特征

功能区	群落	乔木层		灌木层		草木层	
		高度/m	盖度/%	高度/m	盖度/%	高度/m	盖度/%
清洁区	细叶榕+红花羊蹄甲+樟树-基及树-蜘蛛抱蛋群落	9	95	1.5	2	0.8	60
	杜英+细叶羊蹄甲+红花羊蹄甲+大王椰-鹅掌藤-朱槿+散尾葵+假连翘-水鬼蕉群落	9.5	72	1.7	7	0.8	35
	杜英+细叶榕+美丽异木棉+大王椰+马尾松-木槿+假连翘-基及树-合果芋群落	20	70	1.4	20	0.35	46
	红花羊蹄甲+杜英+细叶椰+大王椰-木槿+基及树+海桐红青桂群落	9.2	75	1.8	18	0.45	35
居住区	杜英+红花羊蹄甲+细叶榕+盆架树-合果芋-水鬼蕉群落	9.5	85	1.8	10	0.4	52
	细叶榕+红花羊蹄甲群落	9.5	60	—	—	—	—
	杜英+细叶榕+红花羊蹄甲+垂叶榕-鹅掌藤-龙船花-沿阶草群落	8.5	60	0.9	45	—	—
	细叶榕群落	7.6	95	—	—	—	—
	杜英+细叶榕+红花羊蹄甲+大叶榕-鹅掌藤-龙船花-沿阶草群落	10.5	75	1	25	0.38	10
	细叶榕+红花羊蹄甲+大王椰+黄槐决明-基及树+木槿+假连翘-蜘蛛抱蛋群落	12.5	50	1.5	10	0.6	45
商业交通区	大叶榕+小叶榄仁-红花檵木-灰莉-红觅草群落	10.5	70	1.8	10	0.6	25
	红花羊蹄甲+大叶榕+细叶榕-美丽异木棉+紫背万年青+合果芋群落	12.5	90	1.6	20	0.5	80
	细叶榕+红花羊蹄甲-朱槿-散尾葵群落	6	59	2	8	—	—
工业区	细叶榕+红花羊蹄甲+大叶榕-叶子花-合果芋群落	9.5	55	0.6	8	0.3	25
	细叶榕+红花羊蹄甲+大花紫薇-散尾葵-水鬼蕉群落	7.5	65	1.5	3	0.6	11
	细叶榕+杜英+盆架树+盆架树-灰莉+木槿-鹤望菊群落	11.5	70	2.5	10	0.3	63
	细叶榕+红花羊蹄甲+散尾葵+叶子花+假连翘群落	7.3	35	1.8	11	—	—

样方内乔木层高 5～20m，胸高直径 15～49cm，主要种类有大叶榕、杧果、高山榕、桃花心木、白兰、大王椰、重阳木、红花羊蹄甲、细叶榕、垂叶榕、石栗、樟树、木棉、盆架树、棕榈、大花紫薇、凤凰木、马尾松、构树等。

灌木层高 0.45～2.5m，种类有基及树、假连翘、番木瓜、朱槿、九里香、灰莉、龙船花、鹅掌柴、长隔木、海桐、光杆青皮竹、红花檵木、木槿、红背桂、阴香、红千层、八角枫等。

草本层高 0.2～0.7m，主要有蟛蜞菊、沿阶草、龟背竹、蜘蛛抱蛋、海芋、水鬼蕉、紫背万年青、淡竹叶、变叶木、酢浆草、散尾葵、细叶结缕草、鹅掌藤、花叶艳山姜等。藤本植物有五爪金龙、叶子花、鸭嘴草、象草等。

样方特征描述如下。

1. 细叶榕+红花羊蹄甲+樟树-基及树-蜘蛛抱蛋群落

该群落主要分布在中山大学逸仙道边的绿化带。群落高度为 9m，盖度为 96%。乔木层高 9m，盖度为 95%，主要有细叶榕、红花羊蹄甲、樟树等，还零星种植石栗等。灌木层高 1.5m，盖度为 2%，分布于道路一侧，主要有基及树。草本层高 0.8m，盖度为 60%，分布在道路两侧绿化带区域，种类主要有蜘蛛抱蛋。

2. 杧果+细叶榕+红花羊蹄甲+大王椰-鹅掌藤+朱槿+散尾葵+假连翘-水鬼蕉群落

该群落分布在越秀公园内主要的道路绿化带，植被群落为杧果＋细叶榕＋红花羊蹄甲＋大王椰-鹅掌藤＋朱槿＋散尾葵＋假连翘-水鬼蕉群落，群落高度为 9.5m，盖度为 87%。乔木层高 9.5m，盖度为 72%，主要有杧果、细叶榕、红花羊蹄甲、大王椰，还零星种植龙眼、毛果杜英、美丽异木棉等。灌木层高 1.7m，盖度为 7%，主要有散尾葵、假连翘、朱槿、鹅掌藤等。草本层高 0.8m，盖度为 35%，主要为水鬼蕉、花叶艳山姜、海芋等。

3. 杧果+细叶榕+美丽异木棉+大王椰+马尾松-木槿+假连翘+福建茶-合果芋群落

该群落主要分布在华南理工大学内。群落高度为 20m，盖度为 80%。乔木层高 20m，盖度为 70%，主要有杧果、细叶榕、美丽异木棉、大王椰、马尾松，还有蒲桃、高山榕等。灌木层高 1.4m，盖度为 20%，种类主要有木槿、假连翘、叶子花、基及树等。草本层高 0.35m，盖度为 46%，主要为合果芋、紫背万年青，还伴有红苋草、蟛蜞菊、沿阶草等。

4. 红花羊蹄甲+杧果+细叶榕+大王椰-木槿+基及树+海桐-红背桂群落

该群落位于广东商学院内，校园植被覆盖率较高，群落高度为9.2m，盖度为80%。乔木层高9.2m，盖度为75%，种类有杧果、细叶榕、红花羊蹄甲、大王椰等，还伴生白兰、青皮竹。灌木层高1.8m，盖度为18%，植物种类主要为木槿、朱槿、海桐等。草本高度0.45m，盖度35%。

5. 杧果+红花羊蹄甲+细叶榕+盆架树-合果芋+水鬼蕉群落

该群落分布在芳村花园居住区内，主要以杧果、红花羊蹄甲、细叶榕等为主，群落高度为8.5m，盖度为90%。零星伴有散尾葵、枇杷、叶子花、番木瓜等，草本层以合果芋、水鬼蕉为主，人工管理强度较高，并种植有油麦菜、苦瓜、草莓、茄子、辣椒等蔬菜。郁闭度达0.7以上。

6. 细叶榕+红花羊蹄甲群落

该群落主要分布于光大花园、紫金小区居住区内，主要绿化带为细叶榕+红花羊蹄甲群落，群落高度为9.5m，盖度为80%。乔木层高9.5m，盖度为60%，主要有细叶榕、红花羊蹄甲，偶见青皮竹、蝴蝶果等。

7. 杧果+细叶榕+红花羊蹄甲+垂叶榕-基及树-合果芋群落

该群落主要位于飞行小区。群落高度为8.5m，盖度为75%。乔木层高8.5m，盖度为60%，主要有杧果、细叶榕、红花羊蹄甲、垂叶榕等。灌木较为稀疏，高度为0.9m，盖度为4%，种类有海芋、基及树、假连翘等。

8. 细叶榕群落

该群落分布于金碧花园。群落内无灌木、草本层，群落高度为7.6m，盖度为95%。乔木层高7.6m，盖度为95%，主要植被为乔木纯林，郁闭度较高。

9. 杧果+细叶榕+红花羊蹄甲+大叶榕-鹅掌藤+龙船花-沿阶草群落

该群落位于体育东路、天河路，群落高度10.5m，盖度80%。乔木层高10.5m，盖度为75%，种类有杧果、细叶榕、红花羊蹄甲、大叶榕等。灌木层高1.0m，盖度为25%，植物种类主要为龙船花、朱槿、海桐、鹅掌藤，偶见对叶榕、构树幼苗、灰莉。草本盖度10%。

10. 细叶榕+红花羊蹄甲+大王椰+黄槐决明-基及树+木槿+假连翘-蜘蛛抱蛋群落

群落位于海珠广场，主要植被群落为细叶榕+红花羊蹄甲+大王椰+黄槐决明。群落高度为12.5m，盖度为70%，乔木种类有细叶榕、红花羊蹄甲、大王椰、黄槐决明等。灌木盖度10%，灌木高度为1.5m，主要为海桐、假连翘、基及树、木槿、白兰等，偶见长隔木、紫玉兰、垂叶榕。草本高度0.75m，以蜘蛛抱蛋为主。

11. 大叶榕+红花羊蹄甲+小叶榄仁-红花檵木+灰莉-红苋草群落

群落分布在广州大道南一侧绿化带，绿化覆盖率较高，主要为大叶榕＋红花羊蹄甲＋小叶榄仁-红花檵木＋灰莉-红苋草群落。群落高度为10.5m，盖度为90%。乔木层高10.5m，盖度为70%，主要有大叶榕、红花羊蹄甲、小叶榄仁，还有构树、重阳木、凤凰木、紫薇等。灌木层高1.8m，盖度为10%，主要有红千层、八角枫、木槿，还零星种植有龙船花、红果仔、栀子、黄槐决明、蝴蝶果等。草本层高0.6m，盖度为25%，主要为红苋草，还有水鬼蕉、海芋及酢浆草等。

12. 红花羊蹄甲+大叶榕+细叶榕+美丽异木棉-紫背万年青+合果芋群落

该群落位于广园致友汽配城（白云索道）带内，这一带植被覆盖率较高，乔木主要为大叶榕＋红花羊蹄甲、细叶榕、美丽异木棉-紫背万年青＋合果芋群落，群落高度为12.5m，盖度为95%。乔木层高12.5m，盖度为90%，乔木主要有红花羊蹄甲、大叶榕、细叶榕、美丽异木棉。灌木层盖度20%，主要以长隔木、阴香、对叶榕、假连翘、构树等。草本层高度为0.5m，盖度为80%，主要有水鬼蕉、紫背万年青、海芋等。

13. 细叶榕+红花羊蹄甲-朱槿+散尾葵群落

群落位于解放北路，群落内植被稀疏，群落高度为6m，盖度为66%。乔木层高6m，盖度为59%，主要有红花羊蹄甲、细叶榕。灌木层高2m，盖度为8%。

14. 细叶榕+红花羊蹄甲+大叶榕-叶子花-合果芋群落

该群落主要分布于广州钢铁厂及广州造船厂内的绿化带。群落高度为9.5m，盖度为60%。乔木层高9.5m，盖度为55%，主要有大叶榕、红花羊蹄甲、细叶榕。灌木层0.6m，盖度为8%，主要有叶子花、构树及散尾葵。草本层高0.3m，盖度为25%，主要为合果芋。

15. 细叶榕+红花羊蹄甲+大花紫薇-散尾葵-水鬼蕉群落

该群落主要分布于员村二横路。群落高度为7.5m，盖度为70%。乔木层高7.5m，盖度为65%，主要有细叶榕、红花羊蹄甲、大花紫薇等。灌木层高1.5m，盖度为3%，主要有散尾葵，偶见龙船花、辐叶鹅掌柴、红花檵木、木槿等。草本层高0.6m，盖度为11%，主要为水鬼蕉，还有变叶木。

16. 细叶榕+杜果+红花羊蹄甲+盆架树-灰莉+木樨-蟛蜞菊群落

该群落主要分布在棠下工业区中心绿地。群落高度为 11.5m，盖度为
90%。乔木层高 11.5m，盖度为 70%，主要植物种类有细叶榕、杜果、红花
羊蹄甲、盆架树，还种有少许凤凰木。灌木层高 2.5m，盖度为 10%，主要有
木樨、灰莉、叶子花、红花檵木等。草本高 0.3m，盖度为 63%，主要为淡竹
叶，并零星生长着一些假地豆、求米草、蟛蜞菊等。

17. 细叶榕+红花羊蹄甲-散尾葵+叶子花+假连翘群落

该群落主要位于东圃工业区。群落高度为 7.3m，盖度为 66%。乔木层高
7.3m，盖度为 35%，主要有细叶榕、红花羊蹄甲、棕榈等。灌木较为稀疏，
高度为 1.8m，盖度为 11%，种类有散尾葵、叶子花、番木瓜、苏铁、假连
翘等。

(三) 广州城市植被滞尘能力研究

1. 广州城市植被地面样方生物量及其分布

根据管东生的研究，常绿阔叶树和针叶树生物量估算方程如下：

（1）常绿阔叶树

树干：$W_S = 0.000023324(D^2H)^{0.9750}$

树叶：$W_L = 0.00001936(D^2H)^{0.6779}$

树枝：$W_b = 0.000021428(D^2H)^{0.906}$

式中，W_S、W_L、W_b 分别为树干、树叶、树枝的生物量；D 为胸高直
径；H 为立木高度，m。

（2）针叶树生物量测定方程如下：

树干：$W_S = 0.00004726(D^2H)^{0.8865}$

树叶：$W_L = 0.000001883(D^2H)^{1.0677}$

树枝：$W_b = 0.000000459(D^2H)^{1.0968}$

林下灌木层和草本层的单位面积生物量估算方程为：

$$W_{U-b} = -35.67 + 1333.32PH$$

$$W_{U-h} = 11.65 + 4.25PH$$

式中，W_{U-b} 和 W_{U-h} 分别为单位面积灌木层和草本层的生物量，t/ha；P
为盖度，%。根据以上方程计算得出不同功能区各采样点样方植被群落生物
量，如表 2-23 所示。同时根据样方内单株乔木叶、茎、干的生物量，推导出

表 2-23　广州植被群落样方生物量调查表

功能区	地点	地理坐标		群落	生物量/(t/ha)
清洁区	中山大学	23°06′07.5″N	113°17′35.4″E	细叶榕+红花羊蹄甲+樟树-基及树-蜘蛛抱蛋群落	95
	越秀公园	23°08′22.1″N	113°16′0.4″E	杧果+细叶榕甲+红花羊蹄甲+大王椰-碧掌藤+大红花+散尾葵+假连翘-水鬼蕉群落	82
	华南理工大学	23°09′2.2″N	113°20′18.9″E	杧果+细叶榕+美丽异棉+大王椰+马尾松+木棉+假连翘+基及树-合果芋群落	102
	广东商学院	23°05′27.1″N	113°20′57.9″E	红花羊蹄甲+杧果+细叶榕+大王椰-木棉+基及树+海桐+红背桂群落	85
居住区	芳村花园	23°04′15.4″N	113°13′6.4″E	杧果+细叶榕+红花羊蹄甲+盆架树-合果芋+水鬼蕉群落	63
	金碧花园	23°04′19.8″N	113°17′2.1″E	细叶榕群落	68
	光大花园	23°05′20.4″N	113°15′27.7″E	细叶榕+红花羊蹄甲群落	26
	紫金小区	23°05′55.5″N	113°15′54.1″E	细叶榕+红花羊蹄甲群落	40
	飞行小区	23°10′51.1″N	113°15′13.9″E	杧果+细叶榕甲+红花羊蹄甲+垂叶榕-基及树-合果芋群落	46
	体育东路,天河路	23°08′12.3″N	113°19′22.5″E	杧果+细叶榕+红花羊蹄甲+大叶榕-碧掌藤-龙船花-沿阶草群落	46
	海珠广场	23°07′1.1″N	113°15′37.5″E	细叶榕+红花羊蹄甲+大王椰+黄槐决明-基及树+花叶假连翘蜘蛛抱蛋群落	68
交通区	解放北路	23°08′35.3″N	113°15′19.8″E	细叶榕+红花羊蹄甲-木槿+散尾葵群落	36
	广园致友汽配城(白云素道)	23°09′21.7″N	113°17′17.8″E	细叶榕+红花羊蹄甲+大叶榕-美丽异木棉-紫背万年青+合果芋群落	74
	广州大道南	23°05′5.2″N	113°18′37.9″E	大叶榕+红花羊蹄甲+小叶榕+小叶榄仁-红苋草群落	51
工业区	广钢	23°04′18.6″N	113°14′42.1″E	细叶榕+红花羊蹄甲+大叶榕-叶子花-合果芋群落	71
	员村二横路	23°06′42.0″N	113°21′25″E	细叶榕+红花羊蹄甲+大花紫薇-散尾葵-水鬼蕉群落	41
	东圃	23°07′27.5″N	113°23′46.7″E	细叶榕+红花羊蹄甲-盆架树-假连翘群落	45
	棠下村	23°07′47.8″N	113°22′9.6″E	细叶榕+红花羊蹄甲+杧果+盆架树-灰莉+木棉-鹅莺菊群落	65

叶生物量与单株植物地面生物量的关系，拟合得如下方程：

$$W_L = 0.0208W_t + 0.3101(R^2 = 0.8795, n = 190) \qquad (2\text{-}4)$$

其中，植株地上总生物量 $W_t = W_S + W_L + W_b$。

2. 不同功能区遥感影像生物量及滞尘量估算

（1）遥感影像解译　植被指数（vegetation index，VI）是指各光谱波段间的线性或非线性组合，它可以反映 90% 以上的植被信息，并能在一定程度上消除外界因素的影响，如遥感器定位、大气和照明几何条件等，能够较好地反映植物的生长状况及空间分布，也能宏观地反映植物的生物量和盖度等生物物理特征。此外，植被指数能作为反映植被相对丰度和活性的辐射量值（无量纲）的标志，是植被的叶面积指数（LAI）、盖度、叶绿素含量、生物量及被吸收的光合有效辐射（APAR）的综合体现。光合作用主要靠可见波段的光来进行，红波段是叶绿素主要的吸收波段。植物的反射光谱特征能够反映植物叶绿素含量和生长状况。归一化植被指数（NDVI）是目前应用最为广泛的方法，它是由遥感传感器接收的地物光谱信息推算而得到的，是反映地表植被生长状况及植物生长空间分布状况的定量指示因子。

按照功能要求将广州市的建成区分成四类，即居住用地（居住小区、居住街坊、单位生活区等各种类型的成片或零星用地，包括低层、多层、中高层、混合式用地）、商业交通用地〔道路、商业区（商业、金融、服务业、旅馆餐饮等）、广场用地、市场（不包含居住小区）、商业性办公用地、旅游区公共设施用地、机场、医院、诊所〕、工业用地（工矿企业、生产车间、库房仓储及附属设施）、清洁区（学校、公园、绿地、绿化带）。

对广州市建成区的 TM 影像提取归一化植被指数（NDVI），并建立 NDVI 与地面实地调查的生物量数据之间的线性相关模型。模型如下：

$$y = 164.2x - 25.16(R^2 = 0.870, n = 18) \qquad (2\text{-}5)$$

式中，y 为净初级生产力；x 为归一化植被指数；n 为样方数量。

依据此模型计算得到广州市建成区面积 1050.12km^2，其植被地面生物量为 $52.01 \times 10^5\text{t}$，其中，居住用地面积为 312.14km^2，生物量为 $11.55 \times 10^5\text{t}$；商业交通用地面积为 32.62km^2，生物量为 $1.09 \times 10^5\text{t}$；工业区用地面积为 227.28km^2，生物量为 $8.82 \times 10^5\text{t}$；清洁区用地面积为 478.08km^2，生物量为 $30.55 \times 10^5\text{t}$。

（2）广州不同功能区植被滞尘量计算　根据文献（2006～2011 年）资料（如表 2-24 所示），并通过调查统计得出，杧果、大叶榕、细叶榕、红花羊蹄

表 2-24 广州主要绿化树种种类统计

城市主干道	科	属	种	所占比例	文献来源
广州市海珠区（28 条主干道,31 条次干道,80 条支路）			30	细叶榕、大叶榕、高山榕、黄金榕 4 种最多,占行道树总量的 45%,杧果、桃花心木、红花羊蹄甲等 9 种占总量的 30%	罗新华,2006
广州市中心镇区道路（17 个镇,37 条镇区道路,26 个公共广场）	47	90	67	桑科 11 种占总种数的 49.2%,红花羊蹄甲等红色花类植物 19 种占 41 种观花植物的 41.3%	陆璃等,2011
广州市 6 所高校 49 条主要道路	17	22	23	棕榈科、漆树科、桑科等共 11 种乔木占总种数的 47.8%,白兰、红花羊蹄甲、木棉等 5 种占总种数的 21.65%	陈秀娜等,2010
广州市建成区 197 条道路			约 90	细叶榕、杧果、大叶榕、海南蒲桃、桉树占总种数的 54.7%,其它树种占总数的 45.3%,其中,榕属 10 个种占总数的 22.67%	林鸿辉等,2006
广州市主干道			13	桑科占总种数的 51.89%,细叶榕占行道树总数的 38.61%,大叶榕、秋枫、细叶榕等的重要值 SI 均大于等于 10.00	高中旺等,2010

甲 4 种主要的绿化树种约占全市绿化树种总数的 42.02%,根据文献推算出广州市杧果、大叶榕、细叶榕、红花羊蹄甲所占的比例分别约为 17.64%、33.33%、38.61%、10.42%。结合不同功能区植被地面生物量及叶生物量与单株植物地面生物量关系公式,估算广州市建成区不同功能区植被的叶面积总量。以广州城市各功能区的不同树种完成一次滞尘过程（两次大雨之间间隔时间,本研究约为 24 天）为例,达到平衡或近似最大滞尘量估算,如表 2-25 所示。

植物滞尘受气象条件的影响较大,当风速＞17m/s 或降雨量＞15mm 时,被看作植物开始第二次滞尘过程。本研究根据广州 2011 年气象资料统计,全年时间间隔大于 24 天的频率为 2 次,大于 4 天的频率为 12 次、大于 8 天的频率为 3 次,大于 12 天的为 6 次,由此可以推算出全年广州城市植被不同功能区的滞尘量达 8012.89t。不同功能区滞尘中累积的重金属及 S 元素含量,如表 2-26 所示。可见,一年中,广州建成区（清洁区、居住区、商业交通区、工业区之和）植被可通过滞尘作用累积 Cd、Cr、Cu、Mn、Ni、Pb、Zn、S 的量分别为 0.05t、2.72t、4.00t、21.23t、0.49t、5.37t、12.33t、30.87t。

表 2-25 广州城市不同功能区叶面积和一次滞尘量

物种	不同功能区叶面积/km²				平均最大滞尘量/(g/m²)				总滞尘量/t			
	CA	RA	CAT	IA	CA	RA	CAT	IA	CA	RA	CAT	IA
杧果	33.07	13.73	1.18	8.61	0.55	1.21	1.52	12.54	18.19	16.62	1.80	108.01
细叶榕	90.81	25.90	2.99	21.38	0.58	0.98	1.16	3.47	52.67	25.38	3.47	74.18
大叶榕	95.54	36.17	3.22	43.76	0.98	1.17	1.22	6.09	93.63	42.32	3.93	266.52
红花羊蹄甲	50.42	18.24	1.15	12.82	0.33	0.54	0.76	2.72	16.64	9.85	0.88	34.88
总计	269.84	94.04	8.55	86.58					181.13	94.17	10.07	483.58

注：CA 为清洁区；RA 为居住区；CTA 为商业交通区；IA 为工业区。

表 2-26 广州市滞尘中重金属和 S 的含量

元素	元素平均含量/(mg/kg)				一次累积量/kg				全年累积量/t				建成区合计/t
	CA	RA	CTA	IA	CA	RA	CTA	IA	CA	RA	CTA	IA	
Cd	4.25	4.94	3.67	4.97	0.77	0.47	0.04	2.40	0.0099	0.0060	0.0005	0.0308	0.05
Cr	227.57	376.96	209.58	275.77	41.22	35.50	2.11	133.36	0.5276	0.4544	0.0270	1.7070	2.72
Cu	360.24	290.7	434.12	580.1	65.25	27.38	4.37	580.10	0.0051	0.3504	0.0560	3.5907	4.00
Mn	465.22	1169.58	600.59	3189.27	84.27	110.14	6.05	1542.27	0.0066	1.4099	0.0774	19.7410	21.23
Ni	99.88	117.7	83.99	54.04	18.09	11.08	0.85	26.13	0.0014	0.1419	0.0108	0.3345	0.49
Pb	428.58	804.57	438.9	700	77.63	75.77	4.42	338.51	0.0061	0.9698	0.0566	4.3329	5.37
Zn	1161.73	1253.08	1453.06	1715.79	210.42	118.00	14.63	829.72	0.0164	1.5104	0.1873	10.6204	12.33
S	3790	3100	4110	4290	686.48	291.93	41.39	2074.56	0.0536	3.7367	0.5298	26.5543	30.87

注：CA 为清洁区；RA 为居住区；CTA 为商业交通区；IA 为工业区。

第三章

水污染防治及案例分析

　　水是人类以及其他生物赖以生存的重要物质资源，在工农业生产等方面也占据着重要地位。但随着社会经济的不断发展以及人口数量的不断增多，水源受到了严重的污染，水污染防治技术的应用越来越重要。笔者在本章介绍水污染防治技术的同时，也与郴州市湘南学院化学生物与环境工程实验室对校内翠柳湖进行了案例分析。

第一节　水环境污染概况

一、水体污染

（一）水污染的定义

　　水污染就是污染物质进入水体造成水体质量和水生态系统退化的过程或现象。我国于2017年修订通过的《中华人民共和国水污染防治法》中为水污染下了明确的定义：水污染，是指水体因某种物质的介入，而导致其化学、物理、生物或者放射性等方面特性的改变，从而影响水的有效利用，危害人体健康或者破坏生态环境，造成水质恶化的现象。因此水污染的实质，就是输入水体的污染物在数量上超过了该物质在水体中的本底含量和自净能力，从而导致水体的性状发生不良变化，破坏水体固有的生态系统，影响水体的使用功能。

（二）废水的类别

　　废水从不同角度分析有不同的分类方法。根据来源不同，分为未经处理而排放的生活废水和工业废水两大类；据污染物的化学类别不同，分为无机废水与有机废水；按工业部门或产生废水的生产工艺的不同，有焦化废水、冶金废水、制药废水、食品废水、矿山污水等。

(三) 水体污染的特征

地面水体和地下水体由于储存、分布条件和环境上的差异，表现出不同的污染特征。通常，地面水体污染可视性强，易于发现；其循环周期短，易于净化和水质恢复。而地下水的污染特征是由地下水的储存特征决定的。

地下水储存于地表以下一定深度处，上部有一定厚度的包气带土层作为天然屏障，地面污染物在进入地下水含水层之前，必须首先经过包气带土层。地下水直接储存于多孔介质之中，并进行缓慢运移。由于上述特点使得地下水污染有一些特征，如图 3-1 所示。

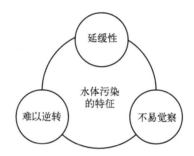

● 污染物在含水层上部的包气带土壤中经各种物理、化学及生物作用，会在垂向上延缓潜水含水层的污染

● 地下水流速缓慢，靠天然地下径流将污染物带走需要相当长的时间；即使切断污染来源，靠含水层本身的自然净化也需要数十年甚至上百年

● 地下水污染发生在地表以下的孔隙介质中，有时已遭到相当程度的污染，仍表现为无色、无味；其对人体的影响一般也是慢性的

图 3-1　地下水污染的特征

(四) 水体污染带来的损失

水体污染造成的损失包括：

① 优质水源更加短缺，供需矛盾日益紧张。

② 水体污染造成人们死亡率及疾病增加，比如中毒、癌症、免疫力下降等。

③ 对渔业造成损害，迫使渔业资源减少甚至物种灭亡。

④ 废水浇灌农田或储存于池塘、低洼地带造成土壤污染，严重地影响地

下水。

⑤破坏环境卫生，影响旅游，加速生态环境的退化和破坏。

⑥加大供水和净水设施的负荷及营运费用，使水处理成本加大。

⑦工业水质下降，产品质量下降，造成工业损失巨大。

二、水污染的原因和污染途径

(一) 水污染的原因

水体污染原因可分为自然污染和人为污染。

自然污染主要是在自然条件下，由于生物、地质、水文等过程，原本储存于其他生态系统中的污染物进入水体，例如森林枯落物分解产生的养分和有机物、由暴雨冲刷造成的泥沙输入、富含某种污染物的岩石风化、火山喷发的熔岩和火山灰、矿泉带来的可溶性矿物质等。如果自然过程是短期的、间歇性的，过后水体会逐渐恢复原来的状态。如果是长期的，生态系统会变化而适应这种状态，例如黄河长期被泥土污染，水变成黄色，不耐污的鱼类会消失，而耐污的鱼类（如鲤鱼）会逐渐适应这种环境。可知，以水为主体来看，任何导致水体质量改变（退化）的物质，都可称为污染物，这些过程都可称为水污染过程。但以人为主体而论，天然物质进入水体是水体生境的自然变化，应该也是该水体的自然属性。

人为污染是由于人类活动把一些本来不该掺进天然水中的物质排入水体中，其进入水体后，使水的化学、物理、生物或者放射性等方面的特性发生变化，有害于人体健康或一些动植物的生长，诸如城镇生活污水、工业废水和废渣、农用有机肥和农药等，这类有害物质排入水中的现象，就是人为污染。

(二) 水污染的途径

地表水体的污染途径相对比较简单，主要为连续注入或间歇注入式。工矿企业及城镇生活的污废水、固体废物直接倾注于地面水体，造成地表水体的污染属于连续注入式污染；农田排水、固体废物存放地降水淋滤液对地表水体的污染，一般属于间歇式污染。

相对于地表水体的污染途径而言，地下水体的污染途径要复杂得多，下面着重对其进行讨论。

1. 污染方式

地下水的污染方式与地表水的污染方式类似，有直接污染及间接污染两种形式，它们的特点如图 3-2 所示。

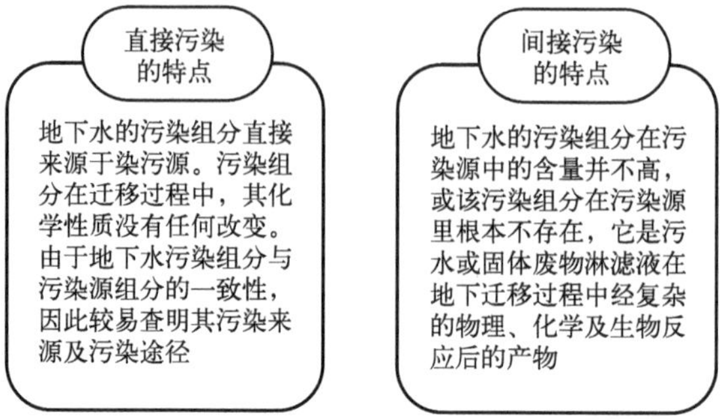

图 3-2　直接污染及间接污染两种形式的特点

　　直接污染是地下水污染的主要方式，在地表或地下以任何方式排放污染物时，均可发生此种方式的污染。间接污染通常被称为"二次污染"，其过程是相当复杂的，"二次"一词也并不十分科学。

2. 污染途径

　　地下水污染途径是复杂多样的，如污水渠道和污水坑的渗漏、固体废物堆的淋滤、化学液体的溢出、农业活动的污染、采矿活动的污染，等等。这里按照水力学上的特点将地下水污染途径大致分为四类，如表 3-1 所示。

表 3-1　地下水污染途径分类

类型		污染途径	污染来源	被污染含水层
Ⅰ. 间歇入渗型	Ⅰ1	降水对固体废物的淋滤	工业和生活的固体废物	潜水
	Ⅰ2	矿区疏干地带的淋滤和溶解	疏干地带的易溶矿物	潜水
	Ⅰ3	灌溉水及降水对农田的淋滤	农田表层土壤残留农药、化肥及易溶盐类	潜水
Ⅱ. 连续入渗型	Ⅱ1	渠、坑等污水的渗漏	各种污水	潜水
	Ⅱ2	受污染地表水的渗漏	受污染的地表水	潜水
	Ⅱ3	地下排污管道的渗漏	各种污水	潜水
Ⅲ. 越流型	Ⅲ1	地下水开采引起的层间越流	受污染的含水层或天然咸水等	潜水或承压水
	Ⅲ2	水文地质天窗的越流	受污染的含水层或天然咸水等	潜水或承压水
	Ⅲ3	经井管的越流	受污染的含水层或天然咸水等	潜水或承压水
Ⅳ. 注入径流型	Ⅳ1	通过岩溶发育通道的注入	各种污水或被污染的地表水	主要是潜水
	Ⅳ2	通过废水处理井的注入	各种污水	潜水或承压水
	Ⅳ3	盐水入侵	海水或地下咸水	潜水或承压水

　　可以看出，无论以何种方式或途径污染地下水，潜水是最易被污染的地下

水体。这与潜水的埋藏条件是分不开的。因此，潜水水环境保护与污染防治也是非常重要的。

三、污染源分析

（一）污染源的类别

人为污染源，又可以分为工业、农业、生活和大气沉降 4 个不同污染源类型。

1. 工业污染源

工业污染源是指工业生产的一些环节（如原料生产、加工过程、燃烧过程、加热和冷却过程、成品整理过程等）中所产生的污染物。

工业污染源是造成水污染的最主要来源。工业污染源排放的各类重金属（铬、镉、镍、铜等）、各种难降解的有机物、硫化氢、氮氧化物、氰化物等污染物在人类生活环境中循环、富集，对人体健康构成长期威胁。

工业污染源量大、面广，含污染物多，成分复杂，在水中不易净化，处理也比较困难。不经处理的水具有的特性如图 3-3 所示。

- 悬浮物质含量高，最高可达3000mg/L
- 需氧量高，有机物一般难以降解，对微生物起毒害作用
  COD为400～10000mg/L，BOD为200～5000mg/L
- pH变化幅度大，pH为2～13
- 温度较高，排入水体可引起热污染
- 易燃，常含有低燃点的挥发性液体，如苯、酒精、石油等
- 含有多种多样的有害成分，如硫化物和Hg、Cd、Cr、As等重金属

图 3-3　不经处理的水具有的特性

自 20 世纪 90 年代以来，我国用于水污染治理的投资额及投资比重基本上与 GDP 同步增长，重点工业污染源排放的污染物基本得到控制；工业废水排放量、污染物排放量及其污染度都呈下降态势。

2. 农业污染源

农业生产过程会产生各类污染物，包括牲畜粪便、农药、化肥等。不合理施用化肥和农药会破坏土壤结构和自然生态系统，特别是破坏土壤生态系统。降水所形成的径流和渗流把土壤中的氮和磷、农药以及牧场、养殖场、农副产品加工厂的有机废物带入水体，使水体水质恶化，有时造成河流、水库、湖泊等水体的富营养化。大量氮化合物进入水体则导致饮用水中硝酸盐含量增加，

危及人体健康。

3．生活污染源

城市生活所排放的各种洗涤剂、污水、垃圾、粪便等成为生活污染源。其特征是水质比较稳定，含有机物和氮、磷等营养物较高，一般不含有毒物质。由于生活污水极适于各种微生物的繁殖，因此含有大量的细菌、病毒，也常含有寄生虫卵。

城市和人口密集的居住区是人类污染源集中地，是主要的生活污染源。生活污水的水质成分呈较规律的日变化，其水量则呈较规律的季节变化。不经处理的生活污水一般具有的性质如图 3-4 所示。

- 悬浮物质含量较低，一般为200～500mg/L
- 资料表明，每人每日所排悬浮固体为30～50g
- 属于低浓度有机废水，一般BOD为210～600mg/L
- 资料表明，平均每人每日所排BOD为20～35g
- 呈弱碱性，pH为7.2～7.6
- 含N、P等营养物质较多
- 含有多种微生物，含有大量细菌，包括病原菌

图 3-4　不经处理的生活污水一般具有的性质

生活污水进入水体，恶化水质，并传播疾病。与工业废水排放逐年降低相反，我国生活污水排放量呈逐年上升趋势。水污染结构已开始发生根本性变化。

4．大气沉降污染源

大气环流中的各种污染物质（如汽车尾气、酸雨烟尘等）通过干沉降与湿沉降转移到地面，也是水体污染的来源。由于农田施肥不合理，养殖场畜禽粪便管理不善，燃煤、汽车尾气排放等增加使得大气沉降产生的污染物对水环境产生了不容忽视的影响。

（二）点源污染与非点源污染

根据污染源的发生和分布特征，又把水污染过程分为点源污染和非点源污染。

1．点源污染

点源污染是指有固定排放点的污染源。例如工业污染源和生活污染源产生的工业废水和城市生活污水，通常通过城市污水处理厂或管渠在固定的排污口集中排放。

点源污染的基本特征如下。

① 排污口明显，集中排放。根据《入河排污口监督管理办法》可知，所谓排污口，包括直接或者通过沟、渠、管道等设施向江河、湖泊排放污水的排污口。排污口的设置应遵循一整套报批程序。

② 污染物浓度高，成分复杂。点源污染的排放包括经污水处理厂处理的工业废水和城市生活污水（未经处理的污水不允许直接排放）的集中排放，因此，排出的污水不仅浓度较高，而且成分多种多样，并可能存在较大的季节性变化。

③ 污染物浓度空间变化十分明显。在排污口附近，形成一个明显的浓度逐渐降低的混合污染带（区），混合带（区）的形态、大小完全取决于受纳水体的水文条件。

④ 污染物浓度时间变化与工业废水和生活污水的排放规律有关。总体而言，工业生产和城市生活的稳定性带来了点源污染排放的稳定性，它比非点源污染受气候和环境条件的影响要小得多；点源污染的变化主要体现在由排污口的设置所造成的空间变化。

⑤ 相对容易监测和管理。

2. 非点源（面源）污染

随着点源污染的逐步控制，非点源污染已成为许多国家和地区引起水环境质量恶化的重要甚至主要原因。据统计，全球非点源污染约占总污染量的2/3，其中农业非点源污染占非点源污染总量的68%～83%。我国第一次污染源普查结果显示，农业非点源的化学需氧量、总氮排放量和总磷排放量分别占全国排放总量的43.7%、57.2%和67.4%。

非点源污染是指溶解的和固体的污染物从非特定的地点，在降水（或融雪）冲刷作用下，通过地表径流、土壤侵蚀、农田排水、地下径流、地下淋溶、大气沉降等过程，以面或线的形式汇入受纳水体的污染过程。

与点源污染相比，非点源污染起源于分散的、多样的地区，地理边界和发生位置难以准确界定，随机性强、形成机理复杂、涉及范围广、控制难度大。其主要具有以下特点。

① 发生的随机性和不确定性。这是由于径流和排水是非点源污染的主要驱动力，而它们的发生因降水条件和径流形成条件而具有很大随机性和不确定性。

② 强烈的时空变异性。这是由于非点源污染过程在很大程度上受到土地利用方式、农作制度、作物种类、土壤类型和性质、区域地质地貌等人类活动和自然条件的强烈影响，而这些条件有些在空间上差异巨大，有些则在时间上

变化强烈。

③ 污染源的广泛性和多元复合特性。人类活动的多样性导致进入环境的化学物质逐年增多。而且不同来源的污染物会一起随着径流进入水体，例如种植、养殖、生活等各类人类活动产生的氮磷污染物，很难追溯污染的源头，给污染控制造成很大的困难。

④ 污染物迁移过程的高度非线性和滞后特性。非点源污染物进入水体并不是线性关系，原因如下：径流和排水本身的变化无常；地形地貌和土壤表面的多样性；污染物质与地表物质（土壤、生物等）的复杂作用。

非点源污染只有在径流和排水的驱动下，才会将地表长期积累的化学物质带入水体，在时间上具有滞后性。

上述都给非点源污染的定量研究带来极大的困难。

⑤ 污染和净化过程难以区分和鉴别。

(三) 污染源的调查

为准确地掌握污染源排放的废、污水量及其中所含污染物的特性，找出其时空变化规律，需要对污染源进行调查。污染源调查可以采用调查表格普查、现场调查、经验估算和物料衡算等方法。污染源调查的内容包括：污染源所在地周围环境状况，单位生产、生活活动与污染源排污量的关系，污染治理情况，废水量、污水量及其所含污染物量，排放方式与去向，纳污水体的水文水质状况及其功能，污染危害及今后发展趋势等。

第二节　水污染危害及防治措施

一、水污染的危害

(一) 降低饮用水的安全性，危害健康

长期饮用水质不良的水，必然会导致体质不佳、抵抗力减弱，引发疾病。伤寒、霍乱、胃肠炎、痢疾等人类疾病，均由水的不洁引起。当水中含有有害物质时，其对人体的危害就更大。

饮用水的安全性与人体健康直接相关。安全饮用水的供给是以水质良好的水源为前提的。但是，我国近 90% 的城镇饮用水源已受到城市污水、工业废水和农业排水的威胁。水源受到的污染使原有的水处理工艺受到前所未有的挑

战，有的已不可能生产出安全的饮用水，甚至不能满足冷却水及工艺用水的水质要求。

水污染后，通过饮水或食物链，污染物进入人体，使人急性或慢性中毒。水环境污染对人体健康的危害最为严重，特别是水中的重金属、有害有毒有机污染物及致病菌和病毒等。

重金属毒性强，对人体危害大，是当前人们最关注的问题之一。重金属对人体危害的特点如图 3-5 所示。

①饮用水含微量重金属，可对人体产生毒性效应。一般重金属产生毒性的浓度范围是 $1\sim10mg/L$，毒性强的汞、镉产生毒性的浓度为 $0.01\sim0.1mg/L$
②重金属多数是通过食物链对人体健康造成威胁
③重金属进入人体后不容易排泄，往往造成慢性累积性中毒

图 3-5　重金属对人体危害的特点

日本的"水俣病"是典型的甲基汞中毒引起的公害病，是通过鱼、贝类等食物摄入人体引起的；日本的"骨痛病"则是由于镉中毒，引起肾功能失调，骨质中钙被镉取代，使骨骼软化，极易骨折。砷与镉毒性相近，砷更强些，三氧化二砷（砒霜）毒性最大，是剧毒物质。

(二) 影响工农业生产，渔业产品质量

有些工业部门（如电子工业）对水质要求高，水中有杂质，会使产品质量受到影响。食品工业用水要求更为严格，水质不合格，会使生产停顿。某些化学反应也会因水中的杂质而发生，影响产品质量。废水中的某些有害物质还会腐蚀工厂的设备和设施，甚至使生产不能进行下去。

农业使用污水，使作物减产，品质降低，大片农田遭受污染，降低土壤质量，甚至使人畜受害。如锌的质量浓度达到 $0.1\sim1.0mg/L$ 即会对作物产生危害，$5mg/L$ 时使作物致毒，$3mg/L$ 时对柑橘有害。

水质污染后，工业用水必须投入更多的处理费用，造成资源、能源的浪费，这也是工业企业效益不高、质量不好的因素之一。

目前，我国污水灌溉的面积比 20 世纪 80 年代增加了 1.6 倍，由于大量未经充分处理的污水被用于灌溉，已经使 1000 多万亩农田受到重金属和合成有机物的污染。长期的污水灌溉使病原体、"三致"物质通过粮食、蔬菜和水果等食物链迁移到人体内，造成污水灌溉区人群寄生虫、肠道疾病发病率、肿瘤发病率等大幅度提高。

有机污染物分耗氧有机物和难降解有机物。耗氧有机物在水体中发生生物

化学分解作用，消耗水中的氧，从而破坏水生态系统，对鱼类影响较大。在正常情况下，20℃水中溶解氧量（DO）为9.77mg/L，当DO值大于7.5mg/L时，水质清洁；当DO值小于2mg/L时，水质发臭。渔业水域要求在24h中有16h以上DO值不低于5mg/L，其余时间不得低于3mg/L。

（三）造成水体的富营养化，危害生态

生活污水含有大量氮、磷、钾，一经排放，大量有机物在水中降解放出营养元素，引起水体的富营养化，藻类过量繁殖。在阳光和水温最适宜的季节，藻类的数量可达100万个/L以上，水面出现一片片"水花"，称为"赤潮"。水面在光合作用下溶解氧达到过饱和，而底层则因光合作用受阻，藻类和底生植物大量死亡，它们在厌氧条件下腐败、分解，又将营养元素重新释放进水中，再供给藻类，周而复始，因此水体一旦出现富营养化就很难消除。水生生态系统结构、功能失调，水体使用功能受到很大影响，甚至使湖泊和水库退化、沼泽化。

富营养化水体对鱼类生长极为不利，过饱和的溶解氧会产生阻碍血液流通的生理疾病，使鱼类死亡；缺氧也会使鱼类死亡。而藻类太多会堵塞鱼鳃，影响鱼类呼吸，也能致死。

含氮化合物的氧化分解会产生硝酸盐，硝酸盐本身无毒，但硝酸盐在人们体内可被还原为亚硝酸盐。研究认为，亚硝酸盐可以与仲胺作用形成亚硝胺，这是一种强致癌物质。因此，有些国家的饮用水标准对亚硝酸盐含量提出了严格要求。

（四）加剧水资源短缺危机，破坏发展

对于一些本来就贫水的国家而言，水污染导致的问题更加严重。水污染使水体功能降低，甚至丧失，更加加重贫水地区缺水的程度，还使一些水资源丰富的地区和城市面临着大面积水质不合格而严重影响使用的困境，形成了所谓的污染型缺水。

二、水污染防护措施

（一）加强公民的环保意识

保护环境需要每一个人共同的努力，增强居民的环保意识是一件积极而有意义的事情，为此，可以加大环保的宣传力度。只有人们增强了环保意识，才能对自己的行为更加负责，破坏环境的水污染行为也会减少一部分。

（二）对水源取水口的保护

饮用水源直接关乎人们的身体健康和生活质量，有关部门要划定水源区，在区内设置告示牌并加强取水口的绿化工作。另外，还要组织一部分人员定期进行检查，保证取水口水质。

（三）少量创建填埋场数量

填埋场占地面积大，无形中造成土地资源的一种浪费，所以创建的数量不宜过多。可少量创建填埋场，让废水废气都能够经过处理，再排放至河流。这种做法也能起到一定的作用。

（四）实现废水资源化利用

可以预见在未来的时间里，工业的废水排放量还会继续增加，为了改善目前水污染状况，要从各个环节做起，使用更加合理，末端治理更加积极，同时还可以对废水进行再利用。

（五）开发实施化工清洁生产

开发实施化工清洁生产是十分复杂的综合过程，且因各化工生产过程的特点各不相同，故没有一个万能的方案可沿袭。但根据清洁生产的原理以及近年来应用清洁生产技术的实践经验，可以归纳如下一些实现化工清洁生产的途径。

1. 强化企业内部清洁生产管理

在实施过程中，对化工生产过程、原料储存、设备维修和废物处置等各个环节都可以强化企业内部清洁生产管理。

（1）物料装卸、储存与库存管理。

对原料、中间体、产品及废物的储存和转运设施进行检查需要注意以下内容：对使用各种运输工具的操作工人进行培训，使他们了解器械的操作方式、生产能力和性能；在每排储料桶之间留有适当、清晰空间，以便直观检查其腐蚀和泄漏情况；转移物料时，应保持容器处于密闭状态；保证储料区的适当照明。

实施库存管理，适当控制原材料、中间产品、成品以及相关的废物流，被工业部门看成是重要的废物削减技术，在很多情况下，废物就是过期的、不合规的、玷污了的或不需要的原料，泄漏残渣或损坏的制成品。这些废料的处置费用不仅包括实际处置费，还包括原料或产品损失，这可能给公司造成很大的经济负担。

从简单改变订货程序到实施及时制造技术都为控制库存的方法，这些技术的大部分都为企业所熟悉，但是，人们尚未认为它们是非常有用的废物削减技术，许多公司通过压缩现行的库存控制计划，帮助削减废物的生产量。

在许多生产装置中，一个普遍忽视或没有适当注意的地方是物料控制，包括原料、产品和工业废物的储存及其在生产过程和装置附近的输送。适当的物料控制程序将保证进入生产工艺中的原料不会泄漏或受到玷污，以保证原料在生产过程中有效使用，防止残次品及废物的产生。

（2）改进操作方式，合理安排操作次序。

这种办法可能需要调整生产操作次序和计划，还会影响到原料、成品库存和装运。

（3）实现资源和能源充分、综合的利用。

我国一般工业生产中原料费用约占产品成本的70％，而单位产值的能耗是世界平均水平的3～4倍，日本的8倍。足以看出生产过程中对资源的浪费很惊人。对原料和能源的充分综合利用，可以显著降低产品的生产成本，同时可以减少污染物的排放，降低"三废"处理的成本。

（4）其他清洁生产管理内容。

组织物料和能源循环使用系统。

2．工艺技术改革

（1）生产工艺改革　以乙烯生产为例。从发展方面来看，乙烯生产装置趋向于大型化，某些技术落后的小型石油化工装置必须进行改造，才能降低单位乙烯产品的污染物排放量。不同规模和原料的乙烯装置废液排放数据比较，如表3-2所示。

表3-2　不同规模和原料的乙烯装置废液排放数据比较

生产规模 /(10^4t/a)	裂解炉类型化	原料	工艺废水 /(t/t)	废碱液 /(t/t)	其他废水 /(t/t)
30	管式炉	轻柴油	0.23～0.28	0.01～0.02	含硫废水 0.1～0.15
11.5	管式炉	轻柴油	3.48	0.173	—
7.2	砂子炉	原油闪蒸油	2.22	0.11	排砂废水 22.4
0.6	蓄热炉	重油	4.0	1.5～2.5	

（2）工艺设备改进　采用高效设备，提高生产能力，减少设备的泄漏率。

（3）工艺控制过程的优化　大多数工艺设备都是使用最佳工艺参数（如温

度、压力和加料量）设计的，以取得最高的操作效率。此外，采用自动控制系统监测调节工作操作参数，维持最佳反应条件，加强工艺控制，可增加生产量，减少废物和副产物的产生。

3．废物的厂内再生利用技术

废物的厂内再生利用技术包括废物重复利用和再生回收。我国有机化工原料行业在废物再生利用与回收方面，开发推广了许多技术。例如，利用蒸馏、结晶、萃取、吸附等方法从蒸馏残液、母液中回收有价值的原材料，从含铂、钯、银等废催化剂中回收贵金属等。

三、水污染控制的标准体系

（一）水资源保护法

1．水资源保护法的主要内容

（1）水资源权属制度　水资源属于国家所有。水资源的所有权由国务院代表国家行使。农村集体经济组织的水塘和由农村集体经济组织修建管理的水库中的水，归各该农村集体经济组织使用。

《中华人民共和国水法》（以下简称《水法》）在规定水资源所有权的基础上，规定了取水权，明确了有偿使用制度。取水是利用水工程或者机械取水设施直接从江河湖泊或者地下取水用水。取水权分为两种。一种是法定取水权，即少量取水包括为家庭生活畜禽饮用取水；为农业灌溉少量取水；用人工、畜力或者其他方法少量取水，农村集体经济组织使用本集体的水塘和水库中的水，不需要申请取水许可。另一种是许可取水权，除法定取水以外的其他一切取水行为，均须经过许可才能取水。取水单位和个人应缴纳水资源费，依法取得取水权。

（2）水资源管理的基本原则　考虑到水资源的特点，《水法》规定，开发、利用、节约、保护水资源和防治水害应当全面规划、统筹兼顾、标本兼治、综合利用、讲求效益、发挥水资源的多种功能，协调好生活、生产经营和生态环境用水。

2．水资源保护的主要法律措施

水资源是稀缺的自然资源，是人类生存和自然生态循环不可缺少的因素。为了确保水资源的可持续利用，必须建立水资源保护制度，依法开展水资源的开发利用和保护。《水法》对水资源的保护做出了明确规定，突出了在保护中开发，在开发中保护的基本特点，其中涉及水资源保护的内容包括：对水资源进行综合科学考察和调查评价、对水资源开发利用实行统一规划、保护水质、防止水污染、饮用水源保护、地下水保护、水域保护、水工程保护、水资源配置和节约使用以及水事纠纷处理与执法监督检查等。

(二)水污染防治法

1. 水污染防治的监督管理体制

关于水污染防治的监督管理体制,《中华人民共和国水污染防治法》(以下简称《水污染防治法》)第四条规定:"县级以上人民政府应当将水环境保护工作纳入国民经济和社会发展规划。地方各级人民政府对本行政区域的水环境质量负责,应当及时采取措施防治水污染。"第九条规定"县级以上人民政府环境保护主管部门对水污染防治实施统一监督管理。交通主管部门的海事管理机构对船舶污染水域的防治实施监督管理。县级以上人民政府水行政、国土资源、卫生、建设、农业、渔业等部门以及重要江河、湖泊的流域水资源保护机构,在各自的职责范围内,对有关水污染防治实施监督管理。"概括而言,我国对水污染防治实行的是统一主管、分工负责相结合的监督管理体制,如图 3-6 所示。

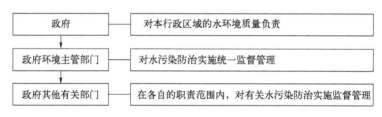

图 3-6　水污染防治的监管体制

2. 水污染防治的标准和规划制度

水环境标准,分为水环境质量标准和水污染物排放标准两类。水环境质量标准,是指为保护人体健康和水的正常使用而对水体中的污染物和其他物质的最高容许浓度所做的规定。水污染物排放标准,是指国家为保护水环境而对人为污染源排放出废水的污染物的浓度或者总量所做的规定。水环境标准分为国家标准和地方标准两级。各类水环境标准的制定和执行如图 3-7 所示。

防治水污染应当按流域或者按区域进行统一规划。国务院有关部门和县级以上地方人民政府开发、利用和调节、调度水资源时,应当统筹兼顾,维持江河的合理流量和湖泊、水库以及地下水体的合理水位,维护水体的生态功能。水污染防治规划的具体执行如图 3-8 所示。

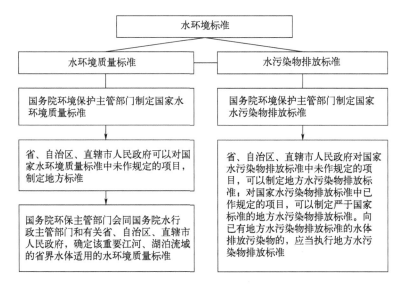

图 3-7　水环境标准

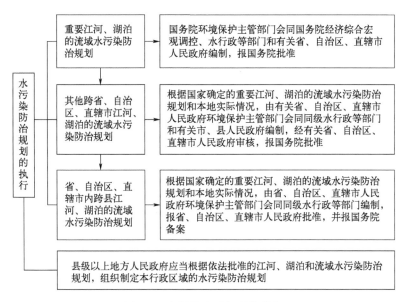

图 3-8　水污染防治规划的执行

3. 水污染防治监督管理的法律制度

《水污染防治法》第三章规定了水污染防治监督管理的各项具体制度。国家基于环境影响评价制度、"三同时"制度、重点水污染物排放总量控制制度、

113

排污申报登记和排污许可制度、排污收费制度、水环境质量监测与水污染物排放监测、现场检查等制度，实施水污染防治的监督管理，实行跨行政区域的水污染纠纷协商解决制度。

（三）环境标准

环境标准是国家环境保护法律、法规体系的重要组成部分，是开展环境管理工作最基本、最直接、最具体的法律依据，是衡量环境管理工作最简单、最准确的量化标准，也是环境管理的工具之一，是实施环境保护法的工具和技术依据。没有环境标准，环境保护法就难以实施。

1. 环境标准及其作用

（1）标准

国际标准化组织（International Organization for Standardization，ISO）对标准的定义是："标准是经公认的权威机关批准的一项特定标准化工作的成果。"中国对标准的定义是："对经济、技术、科学及管理中需要协调统一的事物和概念所做的统一技术规定。这个规定是为了获得最佳秩序和社会效益，根据科学、技术和实践经验的综合成果，经有关方面协商同意，由主管机关批准，以特定形式发布，作为共同遵守的准则。"

（2）环境标准

环境标准（environmental standards）是为了防止环境污染，维护生态平衡，保护人群健康，对环境保护工作中需要统一的各项技术规范和技术要求所做的规定；是控制污染、保护环境的各种标准的总称。

环境标准的制定像法规一样，要经国家立法机关的授权，由相关行政机关按照法定程序制定和颁布。

（3）环境标准的作用

环境标准具有的作用如图 3-9 所示。

---

① 环境标准是环境保护法律法规制定与实施的重要依据。
　环境标准用具体的数值来体现环境质量和污染物排放应控制的界限。
② 环境标准是判断环境质量和衡量环境保护工作优劣的准绳。
　评价一个地区环境质量的优劣、一个企业对环境的影响，只有与环境标准比较才有意义。
③ 环境标准是制定环境规划与管理的技术基础及主要依据。
④ 环境标准是提高环境质量的重要手段。
　通过实施环境标准可以制止任意排污，促进企业进行治理和管理，采用先进的无污染、低污染工艺，积极开展综合利用，提高资源和能源利用率，使经济社会和环境得到持续发展。

图 3-9　环境标准具有的作用

2．环境标准体系

环境问题的复杂性、多样性反映在环境标准的复杂性、多样性中。截至2021年，现行国家生态环境标准已达到2298项，中国颁布了1000多项国家环境保护标准，按照环境标准的性质、功能和内在联系进行分级、分类，构成一个统一的有机整体，称为环境标准体系，如图3-10所示。

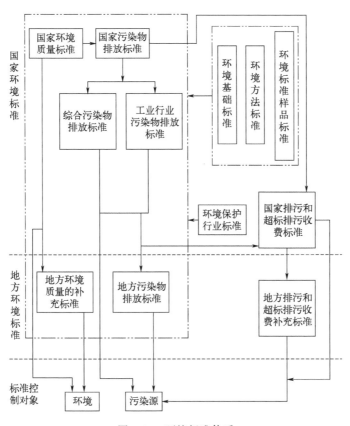

图 3-10　环境标准体系

根据中国的国情，总结多年来环境标准工作经验，参考国外的环境标准体系，我国现行环境标准体系分类如表3-3所示。

表 3-3　我国现行环境标准体系分类

按性质和控制因子分类	环境质量标准	污染物排放标准	环境基础标准	环境方法标准	其他	合计
水环境质量标准	5	20	4	138	—	167
大气环境标准	2	21	3	102	1	129

115

按性质和控制因子 分类	环境质量 标准	污染物排放 标准	环境基础 标准	环境方法 标准	其他	合计
固体废物与化学品	—	31	1	15	3	50
声学环境标准	2	8	1	6	2	19
土壤环境标准	2	—	1	10	—	13
放射性与电磁辐射	—	24	—	44	—	68
生态环境	—	—	—	—	6	6
其他	—	—	—	—	34	34
合计	11	104	10	315	46	486

第三节　水体污染治理效果案例分析

一、翠柳湖水体采样及监测

(一)翠柳湖的基本概况

翠柳湖位于湖南省郴州市湘南学院王仙校区内,是湘南学院标志性景观。翠柳湖的岸线长约 260.17m,湖面宽约 47.72m,湖面面积约 3693.97m² 。翠柳湖位于校区的西北角,北临郴州大道,南接湘南学院美术楼,自然风光秀美,湖心有一座小岛。湖区兼具湖岛相结合之美,空气清新,树木繁多,是全校师生休闲的适宜场所。

(二)采样点布设及采样方法

采样点布设根据实地情况设置,尽可能设在水体形态学中心,采样点均匀布设在翠柳湖的四周,如图 3-11 所示。监测工作从 2020 年 9 月～2020 年 12 月,每月监测 1 次。设置 8 个采样点,翠柳湖水深≤5m,采集水面下 0.5m 处的水样。进水口为邓家井,湖中心设有一座小岛屿。

根据《水质　采样方案设计技术规定》(HJ 495—2009)翠柳湖共布设 8 个采样点。按照《水质　湖泊和水库采样技术指导》(GB/T 14581—1993) 规定,在水面下 0.5m 处使用有机玻璃采水器采集水样 1500mL,并取出 500mL 装于聚乙烯取样瓶中带回实验室存放于 4℃冰箱待用。

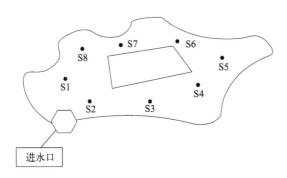

图 3-11 采样点设置示意图

(三) 水质指标的测定方法

依据相关方法测定水样中的叶绿素 a(Chla)、总氮（TN）、总磷（TP）、化学需氧量（COD）、透明度（SD）的含量。具体方法如表 3-4 所示。

表 3-4 水质指标测定方法

水质指标	Chla	TP	TN	COD	SD
测定方法	分光光度法（HJ 897—2017）	钼酸铵分光光度法（GB/T 11893—1989）	碱性过硫酸钾消解紫外分光光度法（HJ 636—2012）	重铬酸盐法（HJ 828—2017）	塞氏盘法

Chla 分光光度法：提取叶绿素，测定光密度。在 1cm 比色杯中，加入 Chla 提取液，另以叶绿素提取介质作为参比溶液注入同样的比色杯中，用分光光度计测定光密度得出 Chla 含量。

TP 钼酸铵分光光度法：以过硫酸钾为氧化剂，将未经过滤的水样消解，进行测定。

TN 碱性过硫酸钾紫外分光光度法：使用碱性过硫酸钾，在 120～124℃消解，使用紫外分光光度计进行测定。

COD 重铬酸盐法：在水样中加入已知量的重铬酸钾溶液，在强酸介质下以银盐作催化剂，经沸腾回流后，以试亚铁灵为指示剂，用硫酸亚铁铵滴定水样中未被还原的重铬酸钾，由消耗的重铬酸钾的量计算得出消耗氧的浓度。

SD 塞氏盘法：选择水体作为测定对象，在水体没有直射光线的地方将塞氏盘缓缓放入水中，当圆盘下沉到看不到盘体白色部分时，记录入水的绳长，此数据便代表水体的透明度。

（四）评价方法

选取与叶绿素 a(Chla) 有显著相关关系的 TP、TN、COD_{Mn}、SD 四个指标，作为翠柳湖水体富营养化评价的指标因子。其营养状态指数如公式（3-1）所示：

$$\text{TLI}(\Sigma) = \sum_{j=1}^{m} w_j \times \text{TLI}(j) \qquad (3\text{-}1)$$

式中，$\text{TLI}(\Sigma)$ 表示的是综合营养状态指数；$\text{TLI}(j)$ 代表第 j 种参数的营养状态指数；w_j 为第 j 种参数营养状态指数的相关权重。以 Chla 作为基准参数，则第 j 种参数营养状态指数的相关权重计算如公式（3-2）所示：

$$w_j = \frac{r_{ij}^2}{\sum\limits_{j=1}^{m} r_{ij}^2} \qquad (3\text{-}2)$$

式中，r_{ij} 为第 j 种参数与基准参数 Chla 的相关系数；m 为评价参数的个数。参照营养状态指数的计算公式，结果如表 3-5 所示。

表 3-5　营养状态指数相关计算参数

参数	Chla	TP	TN	SD	COD_{Mn}
r_{ij}	1	0.84	0.82	-0.83	0.83
r_{ij}^2	1	0.7056	0.6724	0.6889	0.6889
w_j	0.2663	0.1879	0.1790	0.1834	0.1834

对湖泊营养状态进行分级。其中，TLI＜30，为贫营养；30≤TLI≤50，为中营养；50＜TLI≤60，为轻度富营养；60＜TLI≤70，为中度富营养；TLI＞70，为重度富营养。

二、检测结果与成因分析

（一）水质指标测定结果分析

如表 3-6 所示，2020 年 9～12 月，各项水质指标具有不同的时间分布性。翠柳湖的 TN、TP 含量较高，所有值远远超过湖泊富营养化 TN＞0.5mg/L，TP＞0.05mg/L 的发生值，TN 最低值 1.57mg/L 出现在 11 月，最高值 1.67mg/L 出现在 9 月；TP 的最高值 0.26mg/L 在 9 月，最低值 0.19mg/L 在 12 月。四个月份浓度变化差异较大，原因是在夏季时气温升高，湖面的覆水面 NH_4^+ 浓度下降，所以会引起底泥释放作用，释放出大量的 N、

P 元素。随时间推移，气温下降底泥的释放作用被减弱，N、P 元素的含量出现下降趋势，各项水质指标具有不同的时间分布性。透明度平均为 4.69m，被检测时间内变化幅度较小。Chla 四个月份的变化区间为 97.89～95.21mg/L。最高值出现在 10 月份，Chla 的含量直接反映的是翠柳湖中浮游植物的存量，所以，10 月份 N、P 元素对浮游植物综合作用达到最高，使翠柳湖中浮游植物大量繁殖。COD_{Mn} 平均为 24.60mg/L，由国家地表水水质标准可知，翠柳湖水质达到Ⅲ类水质。根据我国的水质指标要求，凡是水体中 TN＞0.5mg/L，TP＞0.05mg/L，COD_{Mn}＞8mg/L 即属于水体富营养化状态，如表 3-6 所示，翠柳湖水质为富营养化水体。

表 3-6　水质监测数据

指标	9 月	10 月	11 月	12 月
SD/m	4.57	4.68	4.74	4.78
TN/(mg/L)	1.67	1.61	1.44	1.57
TP/(mg/L)	0.26	0.23	0.24	0.19
COD_{Mn}/(mg/L)	23.84	25.67	24.73	24.19
Chla/(mg/L)	96.89	97.93	95.75	95.21

（二）综合营养状态指数法评价结果

按照前述公式（3-1）、式（3-2）计算得出 TLI 值。如表 3-7 所示，翠柳湖 TLI 值变化幅度为 64.44～63.12，由此得出翠柳湖处于中度富营养化状态。

表 3-7　综合营养状态指数结果数据

月份	TLI(Chla)	TLI(TP)	TLI(TN)	TLI(SD)	TLI(COD)	TLI(Σ)
9	74.67	72.48	63.21	21.70	85.48	64.44
10	73.59	70.49	62.59	21.24	87.44	64.15
11	74.54	71.18	60.70	21.00	86.45	64.21
12	74.47	67.38	62.17	20.99	85.86	63.12

（三）影响翠柳湖水体富营养化的成因

1. 底泥释放作用

根据实地调查，翠柳湖为封闭的校园景观水体，湖底淤泥积淀时间长，使得淤泥释放作用成为水体 N、P 元素增加的主要原因。底泥中含大量 N、P，随着湖泊水体的 pH 值、温度、溶解氧的变化，沉积在底泥中的 N、P 释放到水体中，使水体 N、P 含量激增，P 能以溶解或吸附的方式以土壤颗粒形态的形式通过土壤微孔结构运移到亚表面流中，而 N 的渗透能力较强，能够直接下渗到地下水中污染地下水。N、P 在被土壤吸附与解吸过程中，一部分溶解在水中，另一部分继续保持吸附的状态。沉淀在底泥中的污染物在水流量、水温及微生物结构发生变化的情况下，可以通过再悬浮、溶解的方式返回水中，构成水源的二次污染。

2. 水体的自净能力差

浮游藻类在湖泊普遍存在，在流动性好的湖泊中不易大量繁殖，仅存在于人工湖边缘的静水区内，不会对水体产生较大的威胁。翠柳湖入口处补水源动力不足，补水源仅是一口邓家井和自来水，且湖水经过一年时间才会排空重新注入新的水体，其余时间均处于封闭状态且湖面静水面积大，流动性差，生态系统稳定性亦差，导致翠柳湖本身的水体自净能力较差。此外，郴州处于亚热带季风气候，特点是夏季高温多雨，这为藻类的生长繁殖提供了良好的生存条件。所以在营养物质充足的情况下，优势种的藻类数量会激增，这加速了翠柳湖水质的恶化。

3. 人为原因

随着城镇化进程的加快、生活污水的排入以及垃圾丢弃，由人类活动引起污染水体的现象越来越严重。翠柳湖临近教学区，学生们日常的生活学习、休闲娱乐所产生的垃圾，有些直接进入翠柳湖对水体造成污染。翠柳湖南北两侧紧邻校园行车道和郴州大道，郴州大道平均车流量高达 1435 辆/h，汽车排放尾气中的 NO、NO_2 等气体进入大气与水蒸气混合从而形成 NO_3 等，并通过雨水进入水体，使水中的氮含量升高。这将成为翠柳湖水体的外源性污染源。

三、沉水植物对翠柳湖水体的净化效果

(一)实验准备的材料与方法

1. 实验准备的材料

本实验选取的沉水植物均是在花鸟鱼虫市场所购买，选择水体为湘南学院翠柳湖湖水。翠柳湖位于东经 113°10′，北纬 25°79′，其水体颜色浑浊、透明度低、水面藻类漂浮物较多，湖面有异味，其水质指标如表 3-8 所示。沉水植物有狐尾藻、黑藻、金鱼藻，购买后分别将其均匀分株，洗净备用。该实验选择室外自然状态培养，所需实验培养器皿为上口径为 30cm、高为 30cm 的圆

形塑料桶，从翠柳湖中取好所需实验用水，水的容积大致一致。

表 3-8　翠柳湖湖水水质指标

湖水水质指标	指标数值	湖水水质指标	指标数值
氨氮(NH_3-N)	0.5455mg/L	化学需氧量(COD_{Cr})	24.209mg/L
总氮(TN)	1.184mg/L	酸碱度(pH)	7.93
总磷(TP)	0.2mg/L		

根据我国的水质指标要求凡是水体中 NH_3-N＞0.5mg/L，TN＞0.5mg/L，TP＞0.05mg/L，COD_{Cr}＞8mg/L 即属于水体富营养化状态。故翠柳湖湖水属于富营养化状态。

2. 实验设计与方法

将实验分成四组，三种沉水植物各为一组还有一组空白实验，分别将等量的三种沉水植物放入各组水桶中，实验周期为30d，且每组实验都要求在同一条件下进行。实验开始后，每隔5d从各个实验组中取出一定量的水样进行测定。

3. 实验试剂和仪器

实验所需试剂如表 3-9 所示，实验所需仪器如表 3-10 所示。

表 3-9　实验所需试剂

药品名称	化学式	药品名称	化学式
氢氧化钠	NaOH	氯化铵	NH_4Cl
过硫酸钾	$K_2S_2O_8$	酒石酸钾钠	$NaKC_4H_4O_6 \cdot 4H_2O$
盐酸	HCl	抗坏血酸	$C_6H_8O_6$
硝酸钾	KNO_3	钼酸铵	$(NH_4)_2MoO_4$
硼酸	H_3BO_3	浓硫酸	H_2SO_4
酒石酸锑钾	$C_8H_4K_2O_{12}Sb_2$	重铬酸钾	$K_2Cr_2O_7$
磷酸二氢钾	KH_2PO_4	硫酸银	Ag_2SO_4
硫酸亚铁铵	$Fe(NH_4)_2 \cdot (SO_4)_2 \cdot 6H_2O$	试亚铁灵指示剂	$C_{12}H_8N_2$
硫酸汞	$HgSO_4$		

表 3-10　实验所需仪器

仪器名称	型号	生产厂家
紫外可见分光光度计	UV-mini-1	岛津企业管理有限公司
电子分析天平	WY-20002	杭州万特衡器有限公司

续表

仪器名称	型号	生产厂家
电热鼓风干燥箱	DHG-9070A	上海一恒科学仪器有限公司
pH 计	PHS-711A	北京海富达科技有限公司
四联可调电炉	DDL-6KW	江苏佳美仪器制造有限公司
高压蒸汽灭菌锅	YXQ-LS-18SI	上海博迅医疗生物仪器股份有限公司

4. 测定项目与方法

测定项目：NH_3-N，TN，TP，COD_{Cr} 和 pH。

测定方法如表 3-11 所示。

表 3-11　实验测定方法

测定项目	测定方法	测定项目	测定方法
NH_3-N	钠氏试剂分光光度法	COD_{Cr}	重铬酸钾指数法
TN	碱性过硫酸钾消解紫外分光光度法	pH	pH 计测定法
TP	钼酸铵分光光度法		

（二）实验测量的结果与分析

1. 沉水植物对 NH_3-N 的净化效果

如图 3-12 所示，与空白组相比，狐尾藻、黑藻、金鱼藻对 NH_3-N 的去除效果都比较明显，水体中 NH_3-N 的含量均随净化时间的增加而下降，尤其金鱼藻更为明显。说明三种沉水植物均对富营养化水体中 NH_3-N 有不同程度的净化作用。在实验的初期（$0<d<10$）和中期阶段（$10<d<15$），三种沉水植物对 NH_3-N 的净化效果呈现直线下降趋势。而在中后期阶段（$d>20$），由于三组沉水植物部分出现腐败和枯叶，导致对 NH_3-N 的净化结果不稳定。从曲线图可以看出金鱼藻的净化效果最好，其次为狐尾藻、黑藻。

2. 沉水植物对 TN 的净化效果

如图 3-13 所示，与空白组相比，整个净化阶段黑藻对水体中 TN 的去除效果最为明显，TN 含量呈现明显的下降趋势；而狐尾藻的整个净化阶段 TN 含量呈现先上升后下降的趋势，可能是植物需要一定的成长适应期，在中后期，狐尾藻的净化效果明显得到改善；由于金鱼藻在强烈的阳光下生长会导致死亡，而此实验是室外自然培养，有可能导致金鱼藻数量减少，这是金鱼藻在整个过程对于水体中 TN 的去除效果贡献较小的原因。相关研究数据表明，沉

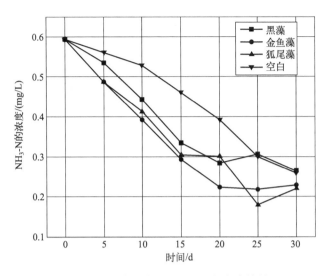

图 3-12　沉水植物对 NH_3-N 的去除效果

水植物可以通过其根系的阻拦和过滤吸收作用来有效地除去水中的氮元素，黑藻相对于其他两种类型的沉水植物，根系较为发达，因此黑藻对水体中 TN 的去除效果较为明显。

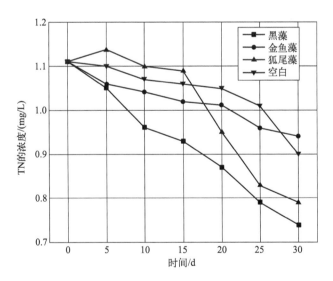

图 3-13　沉水植物对 TN 的去除效果

3．沉水植物对 TP 的净化效果

如图 3-14 所示，与空白组相比，狐尾藻、黑藻、金鱼藻对水体中 TP 的

净化效果明显，在整个净化处理阶段尤以狐尾藻最为明显，TP 含量从 0.2mg/L 下降到 0.076mg/L，其次为金鱼藻，TP 含量从 0.2mg/L 下降到 0.088mg/L；最后是黑藻，TP 含量从 0.2mg/L 下降到 0.096mg/L。说明三种沉水植物均对富营养化水体中 TP 含量有较好的净化效果。

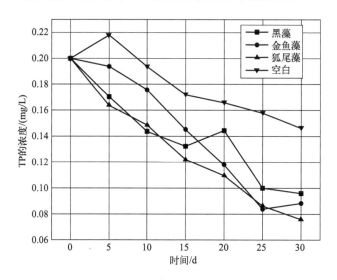

图 3-14　沉水植物对 TP 的去除效果

4. 沉水植物对 COD_{Cr} 的净化效果

如图 3-15 所示，从空白组可以看出，三种沉水植物均对水体中的 COD_{Cr}

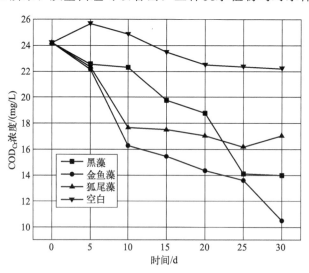

图 3-15　沉水植物对 COD_{Cr} 的去除效果

去除效果明显。沉水植物对 COD_{Cr} 的去除主要是经过吸附悬浮物和附着微生物的活性来完成的，因而，生物量越大，植物表面积越大，对悬浮物的吸附越大，其降低水体中有机物的作用也就越显著。金鱼藻属于以营养源为主，具有强分支能力的高体型植物，实验观察发现，金鱼藻在整个生长阶段，繁殖能力较强，生物量增长较多，又尽可能全部沉入水中，表面积较大，黑藻体型对于金鱼藻来说偏小，狐尾藻少部分茎叶没入水中。实验结果发现金鱼藻对吸收水中的营养的需求相对较大，以致对水中的污染物去除效果较为明显，仅在一个实验周期，金鱼藻对水中的 COD_{Cr} 去除率达 58.23%，黑藻为 42.17%，狐尾藻为 33.33%。

5. 沉水植物对 pH 的影响

如图 3-16 所示，与空白相比，在整个净化阶段，狐尾藻、黑藻、金鱼藻所在水体的 pH 值随净化时间的延长而增加，水质由偏弱碱性过渡到偏碱性，即随着藻类植物的生长，水体 pH 显著增高。这是因为藻类的生长需要光合作用，消耗水中的 CO_2，致使水中氢离子还原 CO_2 合成有机质，导致 CO_2 减少，水样中 pH 升高，同时三种植物的生物量也逐步增加。后期阶段，藻类植物生长相对缓慢，导致合成物的减少，对 CO_2 需求减少，pH 小幅下降。

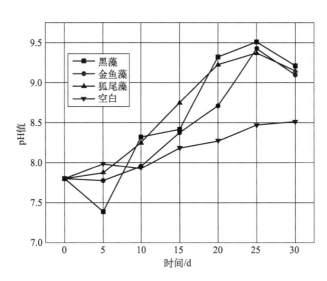

图 3-16　沉水植物对 pH 的影响

(三) 实验最后结论

三种沉水植物（狐尾藻、黑藻、金鱼藻）对于富营养化水体中的 $NH_3\text{-}N$、

TN、TP 和 COD_{Cr} 均有一定的净化作用。与空白相比，对 $NH_3\text{-}N$ 和 COD_{Cr} 去除效果最好的植物为金鱼藻；对 TN 去除效果最好的植物为黑藻；对 TP 去除效果最好的植物是狐尾藻；三种沉水植物对于水体的 pH 均有一定的影响，其 pH 值随净化时间的延长而增加，水质由偏弱碱性过渡到偏碱性，即随着藻类植物的生长，水体 pH 显著增高。三种沉水植物对于富营养化水体均表现出不同程度的净化和处理效果，但由于它们的生活习性、生理特征和净化作用机理的不同，对水中污染物的处理和去除效果也不同。

第四章

湿地公园景观生态设计与评价

湿地是人类生存和发展的自然资源宝库，不仅为人类提供一些生产、生活水资源，而且还具有重要的环境生态功能。但近些年由于一些不可抗力的因素导致了湿地的严重破坏，加强湿地治理工作迫在眉睫。

第一节　郴州秧溪河湿地景观生态设计

一、研究区概况与方法

（一）研究区概况

郴州作为湘江、赣江重要源头之一的地级市，全市现有湿地总面积 $4.92 \times 10^4 hm^2$，其中湿地保护面积逾 $3.55 \times 10^4 hm^2$，湿地保护率达 72.1%。秧溪河湿地公园前身为尾砂矿堆积地，河水污浊、淤塞断流，经有效治理后，建成长约 28km、面积约 37.1hm² 的综合型生态公园，包括湿地公园和沙滩公园等景观。

（二）湿地公园污染治理

对湿地公园的尾砂矿进行粗选，根据尾砂矿类别，在其中添加黏结剂，烧制特色地砖、发泡砖等建筑材料。对地下留存的尾砂矿进行土壤污染治理，通过物理复垦技术，重金属阻隔，施用易溶性磷酸盐、含 Ca 化合物以及添加营养物质和有机质螯合剂，降低重金属毒性；再用黏土覆盖，增加 2m 深种植土，提高基质持水保肥能力；采用嗜重金属性微生物降解调控技术以及超积累重金属植物修复技术，对污染土壤体块进行治理；最后覆盖约 2m 深的种植土。

木本植物因具有修复效果好、培育成本低、治理手段简便和不易产生二次污染等优点而被广泛使用。选用对重金属耐受性及吸附作用较强的植物，如香樟、杜英、夹竹桃、大叶黄杨、银合欢、小叶栀子、小叶女贞等，通过植物富集作用，将重金属从地下部分转移至地上部分，可达到改善土壤污染状况和营养状况的效果。

二、湿地景观设计原则

(一)系统保护原则

城市湿地生态系统建设要充分保护湿地的完整性和连续性，通过对原有植物资源的科学合理利用，保护原有生境和物种的正常生长。同时需要对水生环境和陆生环境的过渡带进行合理布局和科学设计，保证其连通性。

(二)目的性设计和建设原则

城市湿地景观建设需体现湿地景观的整体风貌和全局特点，以保护湿地的生态完整性和稳定性为目的，兼顾市民的休憩娱乐、观光旅游，坚持以人为本的原则，服务于民，重视市民的游园体验与观景感受。

(三)美学原则

城市湿地景观建设需充分考虑美学的基本原则，建筑风格的设计可融入本土区域极具代表性的地域文化特色，多方位和多层次地体现生态布局和人文景观的多样性和丰富性，提高美感。

(四)合理利用原则

城市湿地景观建成后，一方面需要继续保证后期各方维护的投入，另一方面可适度开展其他附加产业，合理利用其旅游休闲、科研教育、物种资源等价值，有效促进本地区城市经济的发展，带动周边产业的发展。

三、主要设计内容

(一)规划总纲

秧溪河湿地公园拟通过"自然生态修复与城市景观规划"相结合的设计手段，融入"创享绿色，体味生态"的创新概念。结合秧溪河湿地所处地形特征，做到重点强调，规划合理，目标明确，依据功能分区原则划分，将秧溪河湿地公园规划成"一带七区"的结构模式。

(二)规划内容

1. 滨河沿岸观赏带

在秧溪河天然水域的景观基础之上，以环形景观绿道作为沿岸线的补充，如图 4-1 所示。同时可在绿道旁增设休息活动区域，如绿岛凉亭、休闲长椅等，通过回形曲线木质栈道连接，形成滨河亲水观赏带。对原有混凝土防洪堤进行合理化拆除与重建，采用软质驳岸的方式（如图 4-2 所示），以鹅卵石或碎石等透水材料铺装，增加河流与陆地的连通性。

图 4-1　景观绿道

图 4-2　软质驳岸

2．海绵城市适用区

在城市湿地景观建设中融汇海绵城市的概念，对园区内部的雨水进行吸收和储存，将雨水加以释放利用，达到城市生态系统的良性循环。如透水路面，由建筑骨料、彩色强化剂、水性树脂膜和高分子稳定剂混合铺装，其内部结构呈蜂窝状的微观均匀空穴，对雨水的吸收和疏导以及空气扬尘的吸收具有积极作用，同时孔隙结构对噪声具有良好的吸附和减弱效果。

3．配套功能服务区

根据城市湿地公园的需求，配套功能服务区可增设室外茶室、棋牌室、餐饮中心、游客接待中心、公共厕所、安全通道、游览路线图、停车场、医疗护理室等，满足游客的基本需求。配套功能服务区建筑多为矮层建筑，其屋顶可采用颇富美感兼具生态功能的绿色屋顶。绿色屋顶一般是对建筑屋顶进行防水膜覆盖，加以绿色植物和相应的生长基质而成。

4．花、田、鸟观光体验区

设置花、田、鸟观光体验区，提升公园的活力和人与自然的交互性，加大城市居民与自然生态的互动与融合。在距离湿地候鸟一定的范围内建设观鸟平台，如观鸟长廊、观鸟楼梯等，如图 4-3 所示。在湿地保护围段外，设计湿地植物观赏区和湿地生态保育区，如图 4-4 所示，丰富游客对自然环境的认知度。

图 4-3　观鸟平台

5．生态密林保健区

人工改造设计生态密林保健区，例如：在保育区和开发区之间栽植竹林，打造"竹林幽境，曲水环林"的秧溪河特色；在密林步道沿侧和河道边缘蹊径

图 4-4　生态保育区

两旁栽植花卉植物，提升秧溪河湿地景观的丰富度；还可在密林区内增设生态养生馆、禅意茶楼、森林健身房和无墙式阅读馆等。湿地内的森林旅游资源开发，需要突出湿地自然景观，强调森林文化的内涵。

6.景观文化小品区

借用园林艺术设计手法，结合生态保护理念，生动再现与本土区域具有密切关系的历史典故、名人文化和传奇轶事。景观小品通过场景模拟和场景搭建的手法，对原有文化背景和历史环境加以表现，使游客通过较为直观的视觉感受来体会城市地域文化和城市特色。

(三)照明设计

公园的光照度既要考虑周围的环境，如犯罪危险程度、实际使用需求、周围环境亮度等，又要结合公园整体的功能和风格，以此设定满足安全水平和观赏价值要求的光照度。城市湿地景观照明以邻近山体为主，河岸为辅，提高夜间远距离识别度，利用湿地现有景观素材，通过灯光色彩提升观赏功能，或定期开展灯光展和灯光小品等活动，增添游园乐趣。可在贯穿湿地的桥梁步道设置灯光，在空地广场设置较为集中和强度较大的照明系统，满足市民夜间休闲聚集的娱乐性要求。

(四)生态浮岛

在水流减缓的河道区域适当增设生态浮岛，如图 4-5 所示。浮岛植物技术通过生物富集作用，降低水生植物激增式的生长繁殖速度，同时还可利用培植植物根系的吸收作用，通过收割处理农产品的形式，对水中总磷、氨氮、有机物等富营养化物质进行有效转移和降解。浮岛还具有水域陆地斑块的补偿作用，对部分固定的浮岛进行植物搭配和浮床特色设计，形成独特的生态浮岛造型，增强美学效果。浮岛还可融入郴州城市文化元素或邻近村庄文化等，与公园灯光、标语的设置呼应，形成别具一格的水文内涵，加强湿地滨水生态景观功能，并为部分鸟类和两栖类动物提供休憩场所。

图 4-5　生态浮岛

第二节　郴州东湖公园景观生态评价

一、调查内容与方法

（一）研究区概况

东湖公园位于湖南省郴州市苏仙区环东湖路，北纬 $25°77'$，东经 $113°13'$。多年前，其是一条充满恶臭气味的小河流，周边的土地被尾砂所包围，重金属污染严重。2017 年，当地政府通过湘江流域重金属污染治理工程，修建了东湖公园，成了市民休闲的好地方。东湖公园周边配置有大型休闲广场、生态停车场、景观观光湖和东湖景区道路。

（二）调查项目与方法

1. 环境生态调查

（1）水体质量调查

在东湖公园水域均匀布设 5 个水样采集点，并测定 BOD_5、COD、NH_3-N、

pH、DO 指标。对比《地表水环境质量标准》（GB 3838—2002）中的Ⅰ类水质标准，采用有机污染综合指数法（M）对水质进行评价，公式如式(4-1)所示：

$$M = \frac{BOD_i}{BOD_0} + \frac{COD_i}{COD_0} + \frac{NH_3-N_i}{NH_3-N_0} - \frac{DO_i}{DO_0} \tag{4-1}$$

式中，0 表示该因子在Ⅰ类水质的标准值；i 则表示该项因子测量的平均值。

（2）生物多样性调查

采用实地调查法对东湖公园内植物进行调查，包括河流的浅水区、岸边。其生物多样性按照公式(4-2)计算：

$$H = -\sum_{i}^{S} \left| \frac{n_i}{N} \ln\left(\frac{n_i}{N}\right) \right| \tag{4-2}$$

式中，H 为群落多样性指数；S 为种数；i 为样品中属于第 i 种的个体；N 为样品总个体数；n_i 为第 i 种个体总数。

2. 景观形态及游憩行为调查

利用景观美景度方法，针对景观形态和游憩行为，通过线上和线下问卷调查方式，随机调查不同年龄段的学生、居民和游客，对东湖公园活动空间美观性、植物美观性、水体美观性、交通便利性、服务设施健全性、公园管理水平的感受进行调查。

（三）评价方法

1. 评价指标的确定

因东湖公园景观影响评价涉及的因素较多，所以在此采用层次分析法（AHP），根据各个指标之间的关系，对各指标进行逐一比较，并采用判断矩阵法来确定各指标的权重，最后使用距离指数法构建评价模型。根据收集的数据和调查结果确定评价因子，如表 4-1 所示。

表 4-1　东湖公园景观评价指标体系

目标层	准则层	指标层
F：东湖公园景观评价	F_1：生态环境性	F_{11}：水质
		F_{12}：物种多样性
	F_2：美观性	F_{21}：活动空间美观性
		F_{22}：植物美观性
		F_{23}：水体美观性

续表

目标层	准则层	指标层
F:东湖公园景观评价	F_3:功能性	F_{31}:交通便利性
		F_{32}:服务设施健全性
		F_{33}:公园管理水平

2. 评价指标的标准化

使用标准化公式(4-2),对各指标依次进行标准化处理,使其达到同一个量纲标准,得到公式(4-3)。

$$r_{ij} = \begin{cases} \dfrac{x_{ij}}{x_{ij}^*} & \text{越大越优} \\ \dfrac{x_{ij}^*}{x_{ij}} & \text{越小越优} \end{cases} \tag{4-3}$$

式中,r_{ij} 为第 i 个子系统内第 j 个指标经过标准化后的标准值;x_{ij} 为第 i 个子系统内第 j 个指标的实际值;x_{ij}^* 为第 i 个子系统内的第 j 个指标的理想值。

若评价指标没有理想值,则需将式(4-3)进行标准化处理,取理想值。得公式(4-4):

$$r_{ij}^* = \begin{cases} max\{x_{ij}\} & \text{越大越优} \\ min\{x_{ij}\} & \text{越小越优} \end{cases} \tag{4-4}$$

标准化之后的标准评价指标的标准值为 $r_{ij} \in [0,1]$。

生态环境性、美观性以及功能性评级的指标值,均采用指标层理想值确定方法得出。

3. 评价指标权重的确定

AHP 法是通过把复杂问题进行分解,并进行层次化分析,再量化模糊感性的一种决策过程,在实际评价过程中,需要先评价第一层的因素对第二层因素的重要性,然后再逐层进行评估,最后再确定各指标层因素对准则层因素的重要性,从而确定各指标层的权重。根据东湖公园调查收集的资料,结合主观评分法,建立评价体系,确定权重值。根据主客观性和重要性,指标权重比为 $F_1 : F_2 : F_3 = 3:1:1$,在生态环境性准则中,其权重比则为 $F_{11} : F_{12} = 15:14$;在美观性准则中,其权重比为 $F_{21} : F_{22} : F_{23} = 1:1:1$;在功能性准则中,权重比确定为 $F_{31} : F_{32} : F_{33} = 3:2:2$。

运用层次分析法与距离指数法,对郴州市东湖公园景观环境进行评价,根据层次分析法来构建调查问卷，且请景观生态学专业的老师对权重设置打分，得到 25 份有效问卷，利用有效问卷构造评价矩阵，且经过一致性检验计算，得出 CR＜0.1，所有矩阵符合一致性检验的要求。

二、结果与分析

（一）东湖公园水质评价影响

东湖公园 5 个采样点水质指标，如表 4-2 所示。

表 4-2　东湖公园水质指标

水样编号	BOD_5/(mg/L)	COD/(mg/L)	DO	NH_3-N/(mg/L)	pH
1	0.240	4.437	10.050	0.257	7.700
2	0.030	17.749	9.880	1.170	7.600
3	0.100	4.437	9.930	1.119	7.500
4	0.300	8.875	10.020	1.637	7.480
5	0.200	11.093	10.080	0.234	7.800
平均值	0.174	9.318	9.992	0.883	7.616

东湖公园的有机污染综合指数 M＝5.6。对照 GB 3838—2002 表明东湖公园水质属于Ⅱ级水体，公园内水体质量一般，有待进一步改善。

（二）东湖公园生物多样性评价

通过实地调查统计，采用临时样方典型取样法，得出东湖公园植物种类共 33 种，其中出现频率最高的为菊科（12％）、蔷薇科（12％）、木犀科（12％），禾本科为 9％，杜鹃花科为 3％，其他科为 52％。按照前述公式(4-2)生物多样性 H＝2.1。多样性指数，包括各种间个体分配的均匀性和种数两个组分。各个种之间，个体分配越均匀，H 值越大。若每一个体都从属于同一个种，多样性指数越小；若每一个体都不属于同一种，则多样性指数越大。由此可知，东湖公园的生物多样性较好，调查发现，植物配置不够完美协调，乔木、灌木、草本的配置没能体现错落有致的层次感，稍显凌乱，公园内部分植物出现病虫害甚至枯死现象，偶有植物发生病害现象，其原因有待进一步探究。

（三）东湖公园生态景观评价

根据东湖公园景观评价指标权重，准则层与指标层各因子权重如表 4-3

所示。发放了 100 份问卷并回收了 91 份有效问卷，对问卷进行分析的结果如表 4-4 所示。

表 4-3 东湖公园准则层与指标层各因子权重分析

目标层	准则层权重	指标层权重	总权重
东湖公园景观评价	F_1:生态环境性(0.58)	F_{11}:水质(0.30)	0.1740
		F_{12}:物种多样性(0.28)	0.1624
	F_2:美观性(0.20)	F_{21}:活动空间美观性(0.0667)	0.0133
		F_{22}:植物美观性(0.0666)	0.0133
		F_{23}:水体美观性(0.0667)	0.0133
	F_3:功能性(0.22)	F_{31}:交通便利性(0.0915)	0.0201
		F_{32}:服务设施健全性(0.0612)	0.0135
		F_{33}:公园管理水平(0.0573)	0.0126

表 4-4 东湖公园景观评价得分

目标层	准则层	权重	指标层	指标值	评价得分
东湖公园景观评价	生态环境性	0.30	水质	1	0.6
		0.28	物种多样性	1	0.8
	美观性	0.0667	活动空间美观性	1	0.8
		0.0666	植物美观性	1	0.8
		0.0667	水体美观性	1	0.9
	功能性	0.0915	交通便利性	1	0.7
		0.0612	服务设施健全性	1	0.6
		0.0573	公园管理水平	1	0.5

由表 4-4 看出，郴州东湖公园生态环境性评价得分为 0.70、美观性得分为 0.83、功能性得分为 0.60、景观综合评价得分为 0.71，这里的 0.70、0.83、0.60 不是表格中的直接数据，而是表 4-4 数据中的生态环境性、美观性、功能性评价得分 (0.6+0.8)/2、(0.8+0.8+0.9)/3、(0.7+0.6+0.5)/3 所得。根据湿地公园评价等级准则（如表 4-5 所示），鉴定东湖公园景观评价等级为Ⅱ，景观质量良好。东湖公园综合评价得分为 0.71，依据湿地公园景观评价等级标准，可确定评价结果为良好。美观性评价结果分数最高，为 0.83，说明当地居民和游客对东湖公园的景观美感度十分满意，可适当发展旅游业，促进当地的经济发展。生态环境性评分为 0.70，公园内水体质量一般，有待进一步改善，生物多样性较好，但配置不够协调。功能性评价结果为 0.60，公园内的服务设施配置不健全，无法满足游客的需求，希望管理部门加强管

理,并完善相应的配套设施。

表 4-5 东湖公园景观评价等级

序号	指数值	级别	景观质量
1	$0.85 < X \leqslant 1.00$	Ⅰ	优秀
2	$0.70 < X \leqslant 0.85$	Ⅱ	良好
3	$0.50 < X \leqslant 0.7$	Ⅲ	中等
4	$0.35 < X \leqslant 0.5$	Ⅳ	差
5	$X \leqslant 0.35$	Ⅴ	极差

第五章

环境污染治理措施研究

环境污染的加剧，导致整个生态系统遭到严重破坏，使得环境污染治理措施以及环境监测技术的有效应用变得关键且重要。我们需要不断落实环境治理工作，完善环境治理策略，为整个生态系统的长远改善做打算。

第一节　环境污染治理措施内容分析

一、现阶段我国环境污染治理发展状况分析

(一)污染物排放数量增加趋势得以控制

在我国追求可持续发展的背景下，我国政府高度关注环境污染问题的有效治理，在财政资金、政策、技术等方面给予了相应的支持，并且已经取得了相对较为良好的环保成果。表 5-1 具体展示了我国主要污染物排放数量变化情况。

表 5-1　2016～2020 年我国主要环境污染物排放数量表

年份	污染物			
	COD/×10⁴t	二氧化硫/×10⁴t	氨氮化合物/×10⁴t	烟尘、粉尘/×10⁴t
2016 年	1034.2	2013.2	79.3	963.2
2017 年	1002.3	1966.3	71.2	901.6
2018 年	983.2	1887.3	66.2	882.4
2019 年	1001.3	1845.2	61.3	863.5
2020 年	1003.5	1889.3	59.3	631.9

如表 5-1 所示，诱发我国水污染、大气污染的主要污染物在国家政策及环

保技术持续发展的影响下，呈现出一种波动下降的趋势，这也客观反映出我国在环境污染控制中取得了一定的成果。同时，产生这些污染物的工业生产行业也在我国产业结构大力调整的影响下，对主要污染物排放量的降低做出了应有的贡献。

（二）环保设施建设发展较快但水平偏低

现阶段我国垃圾处理站的日处理规模平均维持在 49 万吨。污水处理厂是我国生活、工农业生产废水的主要处理场所，我国的污水处理厂从 2016 年的 1723 座增加到 2020 年的 2356 座，且城镇内部的污水处理率达到了 97.13%。县城的污水处理厂数量从 2016 年的 1572 座增加到 2020 年的 2263 座，污水处理率从之前的 72.13%，提高到 88.34%。但实际上，2016 年我国的建制镇数量为 18099 个，相比之下污水处理厂数量发展滞后，意味着我国的环保事业基础设施的整体发展水平较低。

（三）污染监管及资金投入有所提高

我国在环境污染问题治理的过程中，环保投资额呈现出一种持续上涨的状态，环保投资总额从 2016 年的 9023 亿元增加到 2020 年的 21500 亿元。我国政府借助环境影响评价和"三同时"制度，在新污染源控制方面取得了良好的作用。现阶段，我国已经在"十四五"规划中增加了环境污染监管方面的要求，不但在资金方面给予支持，并且也重视工作人员的培养和基础设施的持续完善，这也为今后我国环境污染监管工作的优化提供方向上的指导。

（四）部分领域的污染形势依旧较为严峻

水污染作为我国主要的环境污染问题之一，在我国经济规模持续扩张的影响下，却并未得到十分有效的控制，我国的水环境总体保护工作形势较为严峻。现阶段，我国的地表水水质依旧维持在轻度污染的状态，其中又以水体的富营养化问题最为显著，黄河、松花江、淮河、长江等都处于轻度污染的状态。曾经山东省滨州市境内的黄河段因为遭受附近工厂排放的高盐度废水的影响，其水面出现了大量连续分布的污浊泡沫，同时附近的农业生产带来的农药残留等都在持续影响到黄河的水质。海洋是我国水环境的主要部分，从我国海洋局发布的相关文件看来，我国的近岸海洋环境污染呈现出一种立体复合化发展的趋势，除了来自陆地的污染物之外，海运中各种化学物质的泄漏也导致海洋水环境质量的下降。

二、推进环境污染治理工作落实和完善

（一）环保立法体系持续完善

我国的环保法律体系是将环境保护法作为核心，并且整个法律体系都是以城市污染和工业污染作为核心而制定的，忽视了农村地区环境污染治理工程的落实，且其中的各项规定未能根据时代的发展而做出相应的更新，出现概括性说明的情况，导致条款缺乏实践性以及可操作性。

为了保障我国环境污染治理工作能够自上而下全面落实，环保法律体系需要在重视农村地区环境保护立法工作完善的前提下，通过实地调研我国农村地区环境污染的实际状况，形成有关我国农村地区环境保护的专业法律，从而为该地区环境污染治理工作落实提供完善的法律支持。现有的环境保护法律体系，也需要根据我国各产业结构的调整以及环境污染治理工作的变化，对其中条款进行合理的更新，确保环境保护法律体系能够始终为环境污染治理工作提供必要的支持。

（二）环保宣传工作需要强化

社会成员参与到环境污染治理工作中，方能实现我国生态和谐社会建设的目标，政府部门需要重视教育宣传工作的有效落实。人们在传统生活观念和思维的长期影响下，无法在短时间内接受全新的生活习惯以及环保理念，这就要求城市社区居委会通过定期组织有关生态环保方面的社区活动，农村地区借助广播站以及村委会等相关单位对有关的环保法律进行全面的宣传，通过各种宣传活动的落实，帮助居民认识到生态环境保护对自身生活的重要价值。

对于现阶段较为热门的垃圾分类而言，相关部门可以通过建立对应的自媒体宣传平台或者是微信公众号，将与垃圾分类相关的知识制作成短小精悍的视频，凭借动漫等多种形式，将这些较为简单枯燥的环保知识，以生动活泼的形式传授给群众，让群众得以从生活的小事着手，协助落实环境污染治理工作。

（三）环境治理监督机制完善

基层政府部门的环境污染治理工作中出现了一种急功近利的现象，是在接到上级政府下达命令的同时，要求群众及时给出响应，但这种做法很容易导致村民因为无所适从而抵触这些做法的落实。基层政府部门需要重视环保信息

公开制度的落实，确保村民能够实时了解有关国家环境污染治理方面的全新政策，让人民群众能够在及时掌握我国环境污染治理思路的前提下，配合各项环境污染治理工作的落实。

针对各级政府部门所实施的环境污染治理工作，也可以通过设立环境污染监督平台等，由社会公众对当地政府工作进行实时监督，或者是向上级反馈，确保各级政府部门可以在始终遵循我国政策要求的前提下，认真落实上级政府提出的各项要求。

第二节 环境监测与治理技术应用现状及发展

一、环境监测技术的现状

随着社会经济发展，人类和自然环境产生了较多的矛盾。环境因人类生产和生活逐步恶化，促使人类面临更大的生存危机。为解决当前的环境问题，各国都开始加大环境监测技术和理论的研究。目的是通过对环境影响因素的分析，将其与特定参数进行对比，从而确定环境污染状况以及未来发展趋势。在此基础上，各国都成立了相应的环境保护部门，而环境监测技术所获取的各项数据给环保部门进行执法提供了关键依据，也是开展环境保护的依据。但是，因工业化速度的加快，环境中存在的污染物质增加，而且种类更加丰富，严重危害了人类的健康。因此，环境监测可以有效监测各类污染物质的含量，动态化监控环境质量的发展状况，对当前的环境保护有重大意义。而作为自然生态环境保护的基本措施，环境监测包括但不限于现场勘察、监测布点、污染物样品收集、分析测试等系统的流程。20 世纪 70 年代开始，传统的环境监测逐步实现现代化，更多自动化监测技术被使用。

从我国环境监测应用的时间上看，在技术层面上明显晚于其他工业起步早的国家，发展历程较晚，在监测技术积累的经验和实操技术是不足的，但是由于对科学技术的重视逐步增强，要实现科教兴国，就离不开各项技术的创新。因此，环境监测因科学技术的发展而不断更新，技术应用逐渐赶超发达国家，更多先进技术在生态环境保护一线被采用，更多环境科研者投入环境保护一线进行研究，完善的监测体系在逐步构建。随着经济的迅猛发展，对生态环境保护的要求更加严格，不仅仅是国家层面，社会公众对此也更加重视。在环境监测中，加强了物理和化学分析的运用，建立了完备的 3S 制度，以此来增强环境监测的水平。但是，环境监测是不能脱离现实的，各行各业领域的不同，污染所呈现的问题也是不同的，只能依靠大量环境保护工作者扎根一线，但收获的效果确实不尽如人意，因涉及的领域太多，在监测中不能全方位进行监管。如果采用监测手段对不同的地域进行分级划分，进行密集监控，运用创新性的方法来对污染种类进行分级，将完善的监测制度运用其中，治理人员才可以更好地保护我国环境。由于公众的重视，逐步将监测技术应用的结果公布，让更多组织和机构或者个人来参与生态环境保护，让环境监测技术在应用上可以通过多种途径实现，更有利于环境监测技术的创新。

二、环境监测技术的应用

（一）3S 技术的应用

当前，3S 技术在环境监测过程中应用范围广，可以更好地将不同地区的水文环境进行模拟，也可以对区域内水环境进行评价，还能将土地利用情况、自然环境变化趋势、生态耗水状况等进行密切监控，从而实现现代农业灌溉。结合 RS 和 GPS 技术进行远程监测，将 GIS 作为信息收集平台，更好实现对水域环境分布趋势的监控，也能对水体污染物情况和泥沙含量等进行监控。而且由于水质遥感技术的发展，对水质影响因素的监测得到进一步发展，分析要素包括水体浑浊度、泥沙含量、pH 值、水体微量元素等。3S 技术不仅可以对水体进行密切监控，也可以对湿地环境进行分析，通过多时相和遥感技术获取了动态化的湿地变化情况信息，结合湿地地质位置和数据功能对信息进行及时更新，可以得到湿地环境的变化趋势。

（二）生物技术的应用

随着现代科学技术发展，生物技术拥有更有利的发展环境，高科技含量的生物技术在环境监测中得到更大范围的应用。将生物技术作为应急措施，是当前环境监测技术应用上的热点。因环境趋势更加多样，环境中所含有的污染物质成分增多，只依靠当前的技术分析难以得到有效的数据资料，但是生物技术可以获取更多环境污染物质的资料，使得生物技术在环保领域更加重要，也说明生物学科研究方向的改变，可以让不同学科实现更好的创新和发展，这对科学技术进步有着重大影响。现代生物技术基本上都是以 DNA 技术为基础构建多个学科的交融体系，将分子生物学、微生物学等学科作为基础，与化学、计算机等实践性学科进行密切结合，逐步增强了学科的应用价值和方向，促使现代科学理论研究得到更大发展。生物技术也逐步在环境监测领域中得到具体应用，形成了环境监测的有效方法。

(三)信息技术的应用

信息技术在环境监测技术上的应用,是在远程监测和数据收集中提供了技术支持。将各监测点的传感器进行网络化的连接,从而将数据上传到互联网,再通过互联网将具体的信息传输到数据处理中心,监测人员直接在电脑端下达指令,从而对基站监测进行调整。一般也会将 PCL 技术进行运用,该技术对环境的适应力极强,属于工业自动化装置,在构造上有着耐热、防潮等作用,材料选择上基本可以实现隔离和接地等防干扰作用。而环境监测需要适应极端恶劣的环境,对设备和监控技术要求极高,而 PCL 技术可以充分适用于各类自然环境,可以精准监测到自然环境的天气变化,对农业预测洪涝灾害等有积极作用。

三、环境监测技术的发展趋势

(一)加强对污染强的物质的研究

从当前环境实际情况看,污染物质种类划分还是很明确的,但是对环境造成巨大影响的是污染强、危害大的物质,这类物质基本都是工业企业排放的,其原因是工业企业没有建立完善的环保措施和排放制度,部分缺少有效的监督管理。因此,现行的环境监测技术不再关注综合性的污染指标,而更加重视单一物质的指标含量是否超标。环保部门在对其进行监督中,已经逐步重视将污染物质分类,不同物质排放含量的监督不一样,在监管相关企业中采用的方法也是不同的。对相关企业污染级别进行严格划分,在进行监测时,会直接依据现有的制度和针对性的措施对其测试,防止进行再次污染。因此,对源头监管的力度在逐步加强,对各类有害物质的监督制度和监测制度走向完善,从而有效保障源头治理。

(二)提升环境监测的准确性

环境治理的质量如何,需要根据监测的准确性来判断,在实际应用中要在准确度上切实提升,需要优化监测准确度提升的制度,要依靠实际来不断优化过程,从而才能让环境监测质量得到提高。环境污染物质的监测准确性依赖于这部分有毒物质是否会被准确监测出来,要求能清晰判断污染物质的特性。一般而言,有毒物质在进入环境中时,只有当浓度到达一定比例或者监测技术特别精准才可以检测到。有的物质可能由于技术上不能监测出,需要在长时间累积中才能被发现,这会直接对人类造成潜在危害。因此,如果想要改变这一难点，就不能用统一的监测办法，需要在统一之后考虑个别性，研究出超低微的分析手段、微量监测手段等，这样才能将含量较低物质分析出来。但是，监测过程不能仅仅采用纯人工，要尽可能将机器和设备应用起来，要结合现实环境需要，研究出适合当前环境的监测设备，要不断依靠设备来改善和优化精确性，以避免人为的目的性和误差性。同时可以依托设备和实验过程来增强精准性的工作，这些都需要应用设备，而不能局限于人。任何人为因素都具有不理性的要素存在，而大幅度将设备和实验引入，才能切实增强准确度。只能依靠革新性的科学技术，将更为适用的科学手段逐步运用在生态环境保护中，才能增强物质监测的精准度，便于逐步提升我国乃至世界的环境监测水平。

（三）智能与自动化逐步应用

因科学创新脚步持续加快，时代发展稳步提升，新工艺与新物质在不断地被发现，仅仅依靠传统模式下的监测技术不能有效应对当今时代的环境问题，也不能更好地治理好污染问题。从传统的角度看，大部分手段只能依赖于人工，需要大量生态环境保护人员参与，但环境治理是当前社会教育的热门专业，市场缺乏大量人才参与环境治理，因此不能让传统办法适用于当前现状，而且传统技术有很大局限性，需要在特定的地域环境才能实现，不再是当今环境监测的有效办法。

（四）常规监测到应急预防措施

因为环境治理结果的指标都基于环境监测的分析，所以环境治理不能脱离监测。现有生态环境保护执法部门在对其区域内的环境进行监测时，应该要确保现代化技术的有效使用，从而不论是常规污染监测还是突发应急都可以做到全面化应对，便于从源头治理走向源头零排放。将常规化监测与突发性预防分离开，让常规事项回归环保部门实际工作中，以确保应防尽防；在常规部门之上建立一支专门针对应急和突发事故的队伍，以保障在应急事件发生时有人可用。对二者所发生的事件要逐一进行梳理，建立台账并分析成因与解决方案，便于为后续的监测工作做好基础准备。要分析区域内的各类环境污染问题的主次性，当不同的环境污染出现时，有不同的预防措施和应急手段可以准确进行，便于在预防中加强环境监测。对部分常规性的监测工作，应该尽可能采用现有新技术和新设备进行替换，将自动化手段切实落实到环境监测一线中，这样才能加强各类技术的创新以及增强设备的实用性，以确保科研人员可以完善自动化设备的功能以及监测时间的及时性。例如，现有阶段针对污染物质的快速监测装置，可以对部分空气污染物质进行快速监测并进行分析，和其功能类似的气相色谱相比,具有及时准确的自动化传输的功能,可以快速帮助治理人员完成区域的大部分环境监测工作,有效提升了对应急问题的监测措施。

(五)政府主导鼓励社会参与

从我国环境监测机构设置和作用发挥上看,基本都是政府设立环境部门进行监督和管理。随着市场机制的逐步完善,民间资本开始加大对环境监测的投资,对环境保护有了强烈的兴趣,更多的企业在政府主导下获得了参与环境监测的条件,这为企业带来了新的发展机会。企业参与到环境监测中,可以对环境保护的制度、方法、设备研发等产生积极作用,促使环境监测产业化得以形成。市场机制作用的发挥让政府可以将环境监测职能还给市场,而政府只发挥干预作用,也要考虑到市场的局限性。政府借助各类法律法规以及政策进行宏观调控,有助于实现市场管理。政府通过借助市场的作用让企业参与,可以更好实现政府和公众关系的和谐发展。政府对环境监测有着制度制定、信息发布、执法等优势,确保了政府在这一过程中保持着主导地位。因此,要确保企业和公众可以参与环境监测,政府应当转变思想认识,将环境监测的产业化做到实处,逐步推进其走向产业化发展,这是当前环境监测的必然趋势。在确保监测机构可以满足或者实现管理者需求的情况下,应该加大与市场的合作力度,发挥市场竞争优势,促使企业和政府都能不断提升服务和管理水平。要认识到政府单方面主导环境监测的局限性,必须充分发挥市场作用,从而促使二者有机结合,共同实现环境监测质量的提升。

○ 参考文献

［1］ 董智勇 . 世界林业发展道路 ［M］. 北京：中国林业出版社，1992.

［2］ 广州市地方志编纂委员会 . 广州市志 ［M］. 广州：广州出版社，1998.

［3］ 郝再彬，苍晶，徐仲 . 植物生理实验 ［M］. 哈尔滨：哈尔滨工业大学出版社，2004.

［4］ 李合生 . 植物生理生化实验原理和技术 ［M］. 北京：高等教育出版社，2000.

［5］ 刘清，招国栋，赵由才 . 大气污染防治 共享一片蓝天 ［M］. 北京：冶金工业出版社，2012.

［6］ 陆晓华，成官文 . 环境污染控制原理 ［M］. 武汉：华中科技大学出版社，2010.

［7］ 谢红梅 . 环境污染与控制对策 ［M］. 成都：电子科技大学出版社，2016.

［8］ 杨波 . 水环境水资源保护及水污染治理技术研究 ［M］. 北京：中国大地出版社，2019.

［9］ 张志良，瞿伟菁，李小方 . 植物生理学实验指导 ［M］. 北京：高等教育出版社，2009.

［10］ Freer-Smith P H, Sophy Holloway A G. The uptake of particulates by an urban woodland: site description and particulate composition ［J］. Environmental Pollution, 1997, 95 （1）: 27-35.

［11］ Rao Q Y, Su H J, Deng X W, et al. Carbon, nitrogen, and phosphorus allocation strategy among organs in submerged macrophytes is altered by Eutrophication ［J］. Plant Science, 2020（11）: 1-2.

［12］ 蔡燕徵 . 城市基调树种滞尘效应及其光合特性研究 ［D］. 福州：福建农林大学，2010.

［13］ 刘璐 . 广州城市植被的滞尘效应及叶面滞尘重金属特征研究 ［D］. 广州：中山大学，2012.

［14］ 潘毅 . 城市主要绿化树种的滞尘效应及叶面尘特征研究 ［D］. 广州：中山大学，2007.

［15］ 田思文 . 水解酸化-A²/O 组合工艺处理畜禽养殖废水研究 ［D］. 长春：吉林建筑大学，2013.

［16］ 王亚超 . 城市植物叶面尘理化特性及源解析研究 ［D］. 南京：南京林业大学，2007.

［17］ 徐成 . 成都南湖公园滨水景观美景度探究 ［D］. 成都：四川农业大学，2013.

［18］ 余雨泽 . 作物废弃物与禽畜粪便堆肥效果的研究 ［D］. 北京：北京林业大学，2017.

［19］ 俞学如 . 南京市主要绿化树种叶面滞尘特征及其与叶面结构的关系 ［D］. 南京：南京林业大学，2008.

［20］ 曾冠军，马满英 . 城市景观水体富营养化成因及治理的研究展望 ［J］. 绿色科技，2016 （12）: 3.

［21］ 陈超 . 大气颗粒物污染危害及控制技术 ［J］. 科技创新与应用，2012（25）: 148.

［22］ 陈芳，周志翔，郭尔祥，等 . 城市工业区园林绿地滞尘效应的研究——以武汉钢铁公司厂区绿地为例 ［J］. 生态学杂志，2006, 25（1）: 34-38.

［23］ 陈芳，周志翔，肖荣波，等 . 城市工业区绿地生态服务功能的计量评价——以武汉钢铁公司厂区绿地为例 ［J］. 生态学报，2006, 26（7）: 8.

［24］ 陈亮，刘同喆，李哲 . 环境污染治理措施研究 ［J］. 资源节约与环保，2022（1）: 4.

［25］ 陈秀娜，翁殊斐，冯志坚，等 . 广州市高校行道树景观调查与分析 ［J］. 广东园林，2010, 32 （3）: 54-57.

[26] 代永锋. 环境工程中大气污染危害及其治理措施 [J]. 石材, 2023 (8): 125-127.

[27] 高中旺, 翁殊斐, 胡新月. 广州市区部分主干道园林植物现状调查与分析 [J]. 广东园林, 2010, 32 (5): 44-48.

[28] 管东生. 流溪河水库林区常绿阔叶林锌铜锰铁累积和循环 [J]. 中山大学学报论丛, 1988 (2): 71-76.

[29] 郭冬生, 王文龙, 彭小兰, 等. 湖南省畜禽粪污排放量估算与环境效应 [J]. 中国畜牧兽医, 2012, 39 (12): 199-204.

[30] 郭伟, 申屠雅瑾, 郑述强, 等. 城市绿地滞尘作用机理和规律的研究进展 [J]. 生态环境学报, 2010, 19 (6): 6.

[31] 黄冠中, 卢瑛莹, 陈佳, 等. 浙江省畜禽养殖污染减排对策研究 [J]. 环境科学与管理, 2013, 38 (12): 5.

[32] 蒋知栋, 曾纪勇. 浅议农村生产生活中的环境污染问题 [J]. 山东省农业管理干部学院学报, 2013, 30 (2): 16-18.

[33] 居家奇, 庄晓波, 王爱群, 等. 城市夜公园照明设计的探讨 [J]. 光源与照明, 2016 (4): 3.

[34] 匡春兰, 杨洋, 刘雨灿, 等. 禽畜养殖再生水浇灌绿萝对其生理指标的影响 [J]. 灌溉排水学报, 2021, 40 (S01): 4.

[35] 李海梅, 刘霞. 青岛市城阳区主要园林树种叶片表皮形态与滞尘量的关系 [J]. 生态学杂志, 2008, 27 (10): 4.

[36] 李海梅, 王珂. 青岛市城阳区5种绿化植物滞尘能力研究 [J]. 山东林业科技, 2009, (3): 34-36.

[37] 李淑贤, 邱洪斌, 王新明. 广州秋季灰霾和正常天气 $PM_{2.5}$ 中水溶性离子特征 [J]. 分子科学学报, 2011, 27 (3): 166-169.

[38] 李翔, 孙珊珊, 张利娟, 等. 再生水灌溉对绿地植物及土壤环境的影响 [J]. 草原与草坪, 2015 (4): 17-22.

[39] 林鸿辉, 代色平, 刘湘源, 等. 广州城市道路绿化存在问题和改进建议 [J]. 广东园林, 2006 (3): 36-39.

[40] 林杰. 新形势下的生态环境保护策略分析 [J]. 科技与企业, 2013 (18): 1.

[41] 刘冰, 张光生, 周青, 等. 城市环境污染的植物修复 [J]. 环境科学与技术, 2005 (1): 109-120.

[42] 刘诚. 湖南省畜禽粪便产生量估算及对环境影响评价 [J]. 黑龙江畜牧兽医, 2018 (13): 3.

[43] 刘大林, 王秀萍, 胡楷崎, 等. 土壤镉含量对高粱属植物生理生化特性的影响 [J]. 生态学杂志, 2011, 30 (11): 2478-2482.

[44] 刘俊伟, 胡宏友, 许甘治, 等. 城市生活污水浇灌对金盏菊生长的影响 [J]. 亚热带植物科学, 2005, 34 (2): 29-33.

[45] 刘瑞雪, 彭媛媛. 基于公众感知的城市滨海绿地植物景观评价 [J]. 深圳大学学报, 2017 (4): 385-386.

[46] 刘威, 尹勇, 陈小旭. 流域水环境污染生态修复技术探析 [J]. 皮革制作与环保科技, 2023, 4 (14): 31-33.

[47] 刘雨灿, 黄佳, 赵智强, 等. 养殖污水对栀子花生长的影响 [J]. 湘南学院学报, 2021, 42 (2): 115-119, 124.

[48] 刘云芬，王薇薇，祖艳侠，等．过氧化氢酶在植物抗逆中的研究进展［J］．大麦与谷类科学，2019（1）：4.

[49] 陆璃，何仲坚，代色平，等．广州市中心镇公共绿化植物应用调查研究［J］．亚热带植物科学，2011，40（2）：60-63.

[50] 罗新华．广州市海珠区城市道路绿化现状及发展方向探讨［J］．科技资讯，2006（25）：136-138.

[51] 马艳梅，朱莹莹，张晓珍．农村污水排放治理与农村生态环境优化对策研究——以信阳市平桥区洋河镇为例［J］．乡村科技，2021，12（27）：3.

[52] 孟永刚，王向阳，章茹．基于"海绵城市"建设的城市湿地景观设计［J］．生态经济，2016，32（4）：4.

[53] 祁辅媛．环境监测技术的应用现状及发展趋势［J］．当代化工研究，2022（3）：81-83.

[54] 秦宝荣，常兆光．滨海盐碱地区生活废水在园林绿化上的应用［J］．山东林业科技，1997（S1）：4.

[55] 沈玉英．畜禽粪便污染及加快资源化利用探讨［J］．土壤，2004，36（2）：4.

[56] 盛恒．雾霾污染的成因及控制措施研究［J］．环境与生活，2014（6）：187-188.

[57] 石辉，李俊义．植物叶片润湿性特征的初步研究［J］．水土保持通报，2009，29（3）：202-205.

[58] 石辉，王会霞，李秧秧．植物叶表面的润湿性及其生态学意义［J］．生态学报，2011，31（15）：4287-4298.

[59] 宋俊锋，刘璐，陈希，等．城市湿地景观生态规划设计：以湖南郴州秧溪河湿地为例［J］．湿地科学与管理，2019，15（3）：4.

[60] 宋燕，徐殿斗，柴之芳．北京大气颗粒物 PM_{10} 和 $PM_{2.5}$ 中水溶性阴离子的组成及特征［J］．分析实验室，2006，25（2）：80-85.

[61] 孙亮．灰霾天气成因危害及控制治理［J］．环境科学与管理，2012，37（10）：71-75.

[62] 谭文渊．环境监测在大气污染治理中的重要性及措施［J］．居业，2023（7）：73-75.

[63] 陶雪琴，卢桂宁，周康群，等．大气化学污染的植物净化研究进展［J］．生态环境，2007，16（5）：1546-1550.

[64] 田华．河道水体流域生态环境污染防治的实践与探索［J］．化工管理，2023（23）：45-47.

[65] 汪伟．湿地公园的景观生态评价［J］．广东农业科学，2013（5）：169-170.

[66] 王会霞，石辉，李秧秧．城市绿化植物叶片表面特征对滞尘能力的影响［J］．应用生态学报，2010（12）：6.

[67] 王平．南通市畜禽粪便排放量与农田负荷量分析［J］．环境科学与管理，2016，41（5）：134-137.

[68] 王淑兰，柴发合，张远航，等．成都市大气颗粒物污染特征及其来源分析［J］．地理科学，2004，24（4）：488-492.

[69] 王赞红，李纪标．城市街道常绿灌木植物叶片滞尘能力及滞尘颗粒物形态［J］．生态环境，2006，15（2）：4.

[70] 乌云娜，冉春秋，高杰．环境监测技术的应用现状及发展趋势［J］．生态经济，2009（12）：3.

[71] 吴继敏，刘玲，冀永生．畜禽废弃物的污染与防治措施［J］．农业环境与发展，2007（6）：

64-66.

［72］ 吴君林，林征．城市公园植物景观格局优化设计——以泉州东湖公园植物景观为例［J］．福建农林大学学报，2019（7）：40-42.

［73］ 吴亮，梁生康，王修林，等．两种缓释肥料在海水中的养分释放特性及强化石油烃生物降解［J］．环境化学，2010，29（3）：7.

［74］ 徐苗．水环境监测技术及污染治理措施［J］．资源节约与环保，2023（7）：56-59.

［75］ 徐源，师华定，王超．湖南省郴州市苏仙区重点污染企业影响区的土壤重金属污染源解析［J］．环境科学研究，2021，34（5）：10.

［76］ 闫永庆，于程．地域文化在城市湿地公园建设中的应用研究［J］．东北农业大学学报：社会科学版，2013（2）：5.

［77］ 严重玲，付舜珍，方重华，等．Hg、Cd 及其共同作用对烟草叶绿素含量及抗氧化酶系统的影响［J］．植物生态学报，1997（5）：77-82.

［78］ 晏妮，时登红，贺瑞坤．贵阳二环林带 5 种绿化树种质膜相对透性及滞尘能力初步研究［J］．贵州科学，2007，25（3）：20-22.

［79］ 杨嫦丽，王齐，王有国，等．再生水灌溉对绿地植物生理指标的影响［J］．灌溉排水学报，2014，33（1）：4.

［80］ 杨昆，管东生．森林林下植被生物量收获的样方选择和模型［J］．生态学报，2007（2）：705-714.

［81］ 杨淑慎，高俊凤，李学俊，等．杂交春性小麦叶片衰老与保护酶系统活性的研究［J］．中国农业科学，2004，37（3）：4.

［82］ 杨通．新形势下我国生态环境保护工作开展策略研究［J］．乡村科技，2019（27）：2.

［83］ 杨欣，李怡莹，曲宝同．长春市雾开河公园园林植物组成及景观评价［J］．黑龙江农业科学，2017（2）：91-95.

［84］ 杨玉爱．我国有机肥料研究及展望［J］．土壤学报，1996，33（4）：9.

［85］ 杨震．南京市 15 种绿化树木对大气重金属污染净化能力的研究［J］．滁州学院学报，2009，11（4）：61-63.

［86］ 叶青．探析大气污染环境监测技术及治理方案［J］．现代工业经济和信息化，2021，11（9）：3.

［87］ 余劲松．基于"海绵城市"建设的城市湿地景观设计［J］．现代园艺，2017（11）：2.

［88］ 余曼，汪正祥，雷耘，等．武汉市主要绿化树种滞尘效应研究［J］．环境工程学报，2009，3（7）：7.

［89］ 元淼，韩路．新时代环境保护与可持续发展现状浅析与策略研究［J］．科技风，2021（25）：3.

［90］ 袁秀云，叶永忠，田自强，等．郑州市行道树的调查及其树种的区域性选择［J］．河南科学，1997，17（S1）：96-99.

［91］ 张福平，李秋红．温度对黄皮果实 PAL、POD 及 PPO 活性的影响［J］．食品与发酵工业，2008，34（11）：3.

［92］ 张倩，谢世友．基于水生态足迹模型的重庆市水资源可持续利用分析与评价［J］．灌溉排水学报，2019，38（2）：93-94.

［93］ 张新献，古润泽，陈自新，等．北京城市居住区绿地的滞尘效益［J］．北京林业大学学报，

1997, 19（4）: 12-16.

［94］ 张绪美，董元华，王辉，等. 江苏省畜禽粪便污染现状及其风险评价［J］. 中国土壤与肥料，2007（4）: 4.

［95］ 张绪美，董元华，王辉，等. 江苏省畜禽粪便污染现状与防治对策［J］. 土壤，2007（5）: 708-712.

［96］ 张远航，李金凤. 臭氧污染的危害、成因与防治［J］. 紫光阁，2014（12）: 72+ 77.

［97］ 赵金平，张福旺，徐亚，等. 滨海城市不同粒径大气颗粒物中水溶性离子的分布特征［J］. 生态环境学报，2010, 19（2）: 300-306.

［98］ 赵丽. 浅谈环境监测技术的应用现状及发展趋势［J］. 中文科技期刊数据库（全文版）经济管理，2016（5）: 194.

［99］ 郑晓红，汪琴. 淀山湖水质状况及富营养化评价［J］. 环境监测管理与技术，2009, 21（2）: 68-70.

［100］ 周世良. 水库富营养化成因分析和对策［J］. 海峡科学，2008（7）: 2.